AF887213

Auslegung von komplexen Werkzeugen zur spanenden Bearbeitung mit Ultraschall

Von der Fakultät für Maschinenwesen
der Rheinisch-Westfälischen Technischen Hochschule Aachen
zur Erlangung des akademischen Grades einer
Doktorin der Ingenieurwissenschaften
genehmigte Dissertation

vorgelegt von

Sophia Hannig

Berichter:

Univ.-Prof. Dr.-Ing. Christian Brecher
Prof. Dr.-Ing. Jürgen Fleischer

Tag der mündlichen Prüfung: 09. Januar 2014

ERGEBNISSE AUS DER PRODUKTIONSTECHNIK

Sophia Hannig

Auslegung von komplexen Werkzeugen zur spanenden Bearbeitung mit Ultraschall

Herausgeber:
Prof. Dr.-Ing. Dr.-Ing. E.h. Dr. h.c. Dr. h.c. F. Klocke
Prof. Dr.-Ing. Dipl.-Wirt.Ing. G. Schuh
Prof. Dr.-Ing. C. Brecher
Prof. Dr.-Ing. R. H. Schmitt

Band 5/2014

WZL
RWTHAACHEN

Fraunhofer
IPT

Bibliografische Information der Deutschen Nationalbibliothek
Die Deutsche Nationalbibliothek verzeichnet diese Publikation in der Deutschen Nationalbibliografie; detaillierte bibliografische Daten sind im Internet über http://dnb.ddb.de abrufbar.

Sophia Hannig:

Auslegung von komplexen Werkzeugen zur spanenden Bearbeitung mit Ultraschall

1. Auflage, 2014

Gedruckt auf holz- und säurefreiem Papier, 100% chlorfrei gebleicht.

Apprimus Verlag, Aachen, 2014
Wissenschaftsverlag des Instituts für Industriekommunikation und Fachmedien an der RWTH Aachen
Steinbachstr. 25, 52074 Aachen
Internet: www.apprimus-verlag.de, E-Mail: info@apprimus-verlag.de

Druck: KN Digital Printforce GmbH, Stuttgart

ISBN 978-3-86359-187-8

D 82 (Diss. RWTH Aachen University, 2014)

Vorwort

Die vorliegende Arbeit entstand während meiner Tätigkeit als wissenschaftliche Mitarbeiterin am Fraunhofer-Institut für Produktionstechnologie IPT in Aachen.

Herrn Univ.-Prof. Dr.-Ing. Christian Brecher gilt mein besonderer Dank für die fachliche Unterstützung und Förderung meiner Arbeit. Ebenso danke ich Herrn Univ.-Prof. Dr.-Ing. Jürgen Fleischer für das Interesse an meiner Arbeit und für die Übernahme des Koreferats. Herrn Dr.-Ing. Christian Wenzel danke ich für seine fachliche und persönliche Unterstützung.

Ganz besonders bedanke ich mich bei den vielen Mitarbeitern des Fraunhofer IPT, die mich bei der Umsetzung meiner Ideen tatkräftig unterstützt haben und durch die ich meine Promotionszeit in schöner Erinnerung behalten werde. Den vielen studentischen Hilfskräften, Studien- und Diplomarbeitern möchte ich herzlich für Ihr Engagement danken, das zum Gelingen dieser Arbeit beigetragen hat. Insbesondere Herrn Daniel De Simone für die Durchführung zahlreicher Analysen und Versuchsreihen, Herrn Muharrem Ceyhun Sözbir für die Mithilfe bei der Programmierung, Herrn Sebastian Kößler, Herrn Sebastian Dechene, Herrn Siamak Sepahram, Herrn Musa Ilgin und Herrn Jie Zhao für umfangreichen Recherchen, Experimente und Simulationen. Herrn Achim Dupont möchte ich für die technische Unterstützung besonders im letzten Abschnitt meiner Untersuchungen danken.

Für die fachliche Durchsicht der vorliegenden Arbeit konnte ich Herrn Dr.-Ing. Christian Wenzel, Frau Dr. rer. nat. Bettina Fischer, Herrn Kyriakos Georgiadis, Herrn Martin Stolorz, Herrn Andreas Sobotka, Herrn Maik Roßhirt und meinen Vater, Herrn Michael Hannig, gewinnen. Ich danke Ihnen allen für die kritische Durchsicht des Manuskripts und die nützlichen Hinweise.

Meiner Familie, insbesondere meinen Eltern, danke ich von Herzen, dass sie mir diese Ausbildung ermöglicht und mich auf meinem bisherigen Lebensweg vorbehaltlos unterstützt, gefördert und gefordert haben.

Aachen, im Januar 2014 Sophia Hannig

Inhaltsverzeichnis

Content

Formelzeichen und Abkürzungsverzeichnis

Formula symbols and abbreviations

Zeichen	Einheit	Benennung
Griechische Buchstaben		
α	1/°C	Temperaturausdehnungskoeffizient
ϵ	-	Dehnung
ϵ_1	-	Dehnung 1
ϵ_2	-	Dehnung 2
ϑ	°C	Temperatur
ϑ_0	°C	Raumtemperatur
θ_1	°	Einfallswinkel 1
θ_2	°	Ausfallswinkel 2
λ	m	Wellenlänge
λ_B	m	Wellenlänge Biegewelle
λ_D	m	Wellenlänge Dehnwelle
v	-	Querkontraktionszahl
ρ	g/cm^3	Dichte
ρ_0	g/cm^3	Dichte bei Raumtemperatur
ρ_{M0}	g/cm^3	Dichte bei Raumtemperatur des Materials M
σ	N/mm^2	Spannung
σ_1	N/mm^2	Spannung 1
σ_2	N/mm^2	Spannung 2
φ	°	Phasenwinkel
φ_0	°	Nullphasenwinkel
ω	rad/s	Kreisfrequenz

Lateinische Großbuchstaben

F_2	N	Kraft 2
G	N/mm^2	Schubmodul
I	W/m^2	Schallintensität
K	-	Generationenanzahl
K_i	-	i-ter Netzknoten
Ki	-	i-ter Schwingungsknoten
L	mm	(Schwinger-) Länge
N	-	Populationsgröße
P	W	Leistung
P_i	-	i-te Population
Q_i	-	i-te Nachkommenpopulation
R	mm	Radius
Ra	nm	Mittenrauwert
R_i	-	i-te Population mit der Größe 2N
Rk	nm	Kernrautiefe
Rz	nm	Rautiefe
T	s	Periodendauer
U_G	V	Generatorspannung
V	mm^3	Volumen
V_0	mm^3	Volumen bei Raumtemperatur
V_{ax}	-	Verhältnis axialer Verschiebungen
V_{rad}	-	Verhältnis radialer Verschiebungen
X	-	Lösungsanzahl
X_A	mm	Verschiebung an Ausgangsfläche in X-Richtung
X_E	mm	Verschiebung an Eingangsfläche in X-Richtung
Y_A	mm	Verschiebung an Ausgangsfläche in Y-Richtung
Y_E	mm	Verschiebung an Eingangsfläche in Y-Richtung
Z_1	kg/m^{2}s	Schallimpedanz Medium 1
Z_2	kg/m^{2}s	Schallimpedanz Medium 2
Z_i	-	i-ter Bézierkurvenpunkt

Lateinische Kleinbuchstaben

c	m/s	Schallgeschwindigkeit
c_1	m/s	Schallgeschwindigkeit im Medium 1
c_2	m/s	Schallgeschwindigkeit im Medium 2
c_B	m/s	Schallgeschwindigkeit einer Biegewelle
c_D	m/s	Schallgeschwindigkeit einer Dehnwelle
c_l	m/s	Longitudinale Schallgeschwindigkeit
c_t	m/s	Transversale Schallgeschwindigkeit
f	s^{-1}	(Eigen-, Resonanz-, Anregungs-) Frequenz
f_{US}	s^{-1}	Ultraschallfrequenz
f_0	s^{-1}	Frequenz bei Raumtemperatur
f0	s^{-1}	im Algorithmus geforderte Frequenz
h	mm	Länge
l	mm	Länge
l_0	mm	Länge bei Raumtemperatur
m	g	Masse
n	U/min	Spindeldrehzahl (Werkstückdrehzahl)
p	N/mm^2	Schalldruck
r	mm	Radius
t	s	Zeit
v	m/s	Schallschnelle
v_u	mm/s	Umfangsgeschwindigkeit
v_{WZ}	µm/µs	Schwinggeschwindigkeit Werkzeugspitze
x	µm	Schwingungsamplitude der Ultraschallschwingung
x_{ax}	µm	axiale Schwingungsamplitude
$x_{ax(HS)}$	µm	Schwingungsamplitude in axialer HS
$x_{ax(HS)(max)}$	µm	Maximum der Schwingungsamplitude in axialer HS
$x_{ax(NS)}$	µm	Schwingungsamplitude in axialer NS
$x_{ax(NS)(max)}$	µm	Maximum der Schwingungsamplitude in axialer NS
xi	mm	Verschiebung des i-ten Netzknotens in x-Richtung
y_{rad}	µm	radiale Schwingungsamplitude
$y_{rad(HS)}$	µm	Schwingungsamplitude in radialer HS

$y_{rad(HS)(max)}$	µm	Maximum der Schwingungsamplitude in radialer HS
$z_{rad(NS)}$	µm	Schwingungsamplitude in radialer NS
$z_{rad(NS)(max)}$	µm	Maximum der Schwingungsamplitude in radialer NS
y	m	Schwingungsweg
$\hat{y}$	m	Schwingungsamplitude
yi	mm	Verschiebung des i-ten Netzknotens in y-Richtung

Abkürzungen

Al_2O_3	Aluminiumoxid
APDL	Ansys Parametric Design Language
CAD	Computer Aided Design
cBN	kubisches Bornitrid
FEM	Finite-Elemente-Methode
HRC	Härte nach Rockwell
HS	Hauptschwingrichtung
MKD	monokristallines Diamantwerkzeug
MPi	i-ter Messpunkt
NS	Nebenschwingrichtung
NSGAII	Non-dominated Sorting Genetic Algorithm II
PZT	Bleizirkonattitanat
SiC	Siliciumcarbid
SiO_2	Quarz
SMG	Sonotrodenmessgerät
Sono	Sonotrode
US	Ultraschall

1 Einleitung

Introduction

Die Ultraschalltechnologie verbreitet sich zunehmend in vielen Bereichen. Es wird zwischen aktiven und passiven Ultraschallsystemen unterschieden. Mit Anwendung der passiven Ultraschallsysteme wird die Rückwirkung eines Materials auf die Ausbreitung der Ultraschallwelle genutzt (Materialprüfung, Diagnostik etc.). Bei der Anwendung von aktiven Ultraschallsystemen steht die Wirkung von Ultraschall auf ein Material im Vordergrund. Die effiziente Einbringung von Schwingungsenergie verrichtet oder verbessert viele Arbeitsprozesse, beispielsweise in folgenden Anwendungsgebieten:

- Medizintechnik
- Fügetechnik
- Spanende Fertigungsverfahren

Aktive Ultraschallsysteme sind sogenannte Längsschwingersysteme, d.h. die Systeme nutzen longitudinale Resonanzschwinger, um ein Werkzeug zu Vibrationen anzuregen. In der Medizintechnik werden diese z.B. in der Chirurgie oder der Dentalmedizin eingesetzt [DGBM08]. Das mit Ultraschallschwingungen unterstützte medizinische Instrument zertrümmert physische Bestandteile. Im Dentalbereich dient dies z.B. der Zahnsteinentfernung, in der Augenchirurgie zur Unterstützung der Linsenzertrümmerung bei Katarakt (Grauer Star)-Operationen. Derzeit werden jährlich 650.000 ultraschallgestützte Kataraktoperationen durchgeführt. Der Gesamtumsatz mit Ultraschallsystemen in diesem Bereich beträgt in Deutschland derzeit ca. 33 Mio. € pro Jahr [LUME12]. Der Konkurrenzdruck aus dem Ausland ist groß; eine stabile Marktposition in dieser Branche ist nur durch eine kontinuierliche Weiterentwicklung der Systeme haltbar.

Ultraschall wird auch zum Fügen von Metallen oder Kunststoffen verwendet. Hierbei ruft die resonante Ultraschallschwingung des Fügewerkzeugs ein Verschweißen der Materialien hervor. Das Ultraschallfügen von Kunststoffen wird in fast allen Bereichen der kunststoffverarbeitenden Industrie eingesetzt, das Ultraschallschweißen von Metallen hauptsächlich zum Verschweißen von dünnen Aluminiumblechen, insbesondere in der Automobilindustrie [VDAI11, WEBE12].

Bei spanenden Fertigungsverfahren wie Schleifen oder Drehen wird Ultraschall der konventionellen Kinematik überlagert, um mit den durch die Schwingung erzeugten höheren Abtragsraten bei niedrigerem Werkzeugverschleiß eine höhere Prozesseffizienz zu erreichen. Als Beispiel für einen spanenden Fertigungsprozess kann das Ultraschallschleifen von sprödharten Materialien genannt werden, welches derzeit nur in Sonderfällen zur Anwendung kommt. Durch die Hybridisierung des Schleifprozesses durch Ultraschalltechnologie kommt es zur Effizienzerhöhung aufgrund der Abtragssteigerungen von bis zu 250 - 300 % [DMGS12, SCHU08]. Des Weiteren werden in der Automobilbranche spanende Endbearbeitungsverfahren wie das

Superfinishen bzw. Kurzhubhonen für ca. 3 % der Komponenten, z.B. Kurbelwellen oder Getriebewellen, verwendet [VDAI11, SUPF12]. Auch hier kann der Einsatz von Ultraschall zu einer wesentlichen Produktivitätssteigerung führen. Darüber hinaus wird die spanende Ultraschalltechnologie, z.B. das Ultraschalldrehen, vermehrt zur wirtschaftlichen Bearbeitung von optischen und sprödharten Materialien (Optikfertigung und Edelsteinindustrie) eingesetzt.

Neben laserunterstützten Prozessen gehören ultraschallunterstützte Prozesse daher zu den wichtigsten und zukunftsträchtigsten Hybridverfahren. Allerdings ist die Entwicklung von Längsschwingersystemen für o.g. Anwendungen mit derzeitigen Methoden ein sehr zeitaufwändiger Prozess. Trotz der hohen Potenziale der Ultraschalltechnologie sind wegen fehlender systematischer Methoden zur Berechnung der Schwingersysteme die Funktionsvielfalt und die industrielle Anwendung der Ultraschallsysteme stark eingeschränkt. Für Unternehmen, die Ultraschallsysteme entwickeln oder anwenden, bedeutet dies:

- *Hersteller:* Zeit-/ Kostenintensiver, iterativer Entwicklungsprozess für Ultraschallkomponenten mit kaum variablem und begrenztem Produktportfolio.
- *Anwender:* Hohe Kosten für neue Ultraschallsysteme bei geänderten Anforderungen. Diese sind zudem durch fehlende Variationsbandbreite nur für Sonderprozesse einsetzbar.

Derzeitige Methoden zur Auslegung von Schwingsystemen sind nur für rotationssymmetrische Einzelkomponenten der Systeme mit Längsschwingern hinreichend genau. Es fehlen ausreichende Kenntnisse und Strategien für die schwingungstechnische Auslegung von komplexen, nicht-rotationssymmetrischen Komponenten bzw. mehrteilige Systembauteile des Ultraschallsystems. Viele Ultraschallsysteme, wie z.B. für einen ultraschallunterstützten Superfinishprozess, erfordern aber gerade solche komplexen Schwinger. Auch bietet die Auslegung aktiver Ultraschallsysteme, die keine Längsschwinger sondern sogenannte Biegeschwinger nutzen, hohes Anwendungspotential z.B. beim Ultraschalldrehen; die Auslegung ist jedoch bisher kaum erforscht.

Daher sollen im Rahmen der vorliegenden Arbeit Auslegungsprinzipien sowie eine zeitsparende und transparente Methode zur Auslegung von komplexen Ultraschallschwingern für aktive Systeme erarbeitet werden. Ein besonderer Schwerpunkt soll hierbei auf der Entwicklung eines Programms zur automatischen Berechnung und Optimierung von Ultraschallschwingern liegen. Die Methode soll anhand der Entwicklung von Schwingern und Systemen für ausgewählte Referenzprozesse der ultraschallunterstützten spanenden Bearbeitung validiert werden. Die Verwendung einer solchen Auslegungsmethode durch Unternehmen in Deutschland kann zu einer Reduktion der Kosten für den Aufbau und die Weiterentwicklung von Ultraschallsystemen führen. Somit lassen sich Effizienzsteigerungen in den Branchen, in denen die Ultraschalltechnologie genutzt werden kann, erzielen. Somit kann die industrielle Verbreitung aktiver Ultraschalltechnologie in der Füge-, Zerspan-, und Medizintechnik deutlich erhöht werden.

Introduction

Ultrasonic technology broadcasts increasingly in many areas. A distinction is made between active and passive ultrasonic systems. With passive ultrasonic systems the response of a material to the propagation of the ultrasonic wave is used (material testing, diagnostics, etc.). In the application of the active ultrasonic systems the effect of ultrasonic on a material is in the foreground. The efficient transfer of vibrational energy executes or improves many processes, for example in the following applications:

- Medical technology
- Joining technology
- Machining processes

Active ultrasonic systems are so-called longitudinal oscillator systems. They use longitudinal resonance oscillators to excite a tool vibration. In medical technology, these are used in surgery or dental medicine [DGBM08]. The ultrasonic vibration assisted medical instrument smashes physical components. In the dental field this is for example used for the tartar removal, in eye surgery to support the lens fragmentation during cataract (cataract) operations. Currently 650,000 ultrasonic assisted cataract surgeries are performed annually. Total sales of ultrasonic systems in this field in Germany are currently around € 33 million per year [LUME12]. There is high competitive pressure from abroad, thus a stable market position in this industry is only maintainable with continuous development.

Ultrasonic is also used for the joining of metals or plastics. The ultrasonic joining of plastics is used in almost all areas of the plastics industry, the ultrasonic welding of metals mainly for welding of thin aluminum sheets, particularly in the automotive industry [VDAI11, WEBE12].

In machining processes such as grinding, turning or drilling the ultrasonic superimposes the conventional kinematics to achieve greater process efficiency. An example for a machining process is the ultrasonic assisted grinding of hard and brittle materials, which is applied currently only for special cases. With the hybridization of the grinding process with ultrasonic technology, an efficiency enhancement is reachable, due to the increase of removal rate up to 250 - 300 % [DMGS12, SCHU08].

Furthermore, in the automotive industry finishing processes such as superfinishing is used for about 3 % of the components, for example crankshafts or drive shafts [VDAI11, SUPF12]. Again, the use of ultrasonic can lead to a significant increase in productivity. In addition, cutting ultrasonic technology, for example the ultrasonic assisted turning, is increasingly used for economic processing of optical and brittle materials (optical manufacturing and gemstone industry).

Therefore ultrasonic assisted processes are in addition to laser-assisted processes the most important and promising hybrid processes. But the development of longitudinal oscillator systems for the applications above with current methods is a very time consuming process. Despite the high potential of ultrasonic technology, the range of oscillation systems and the industrial application of ultrasonic systems are severely limited because of the lack of systematic calculation methods. This means for companies which develop or use ultrasonic systems:

- Manufacturer: time / cost intensive, iterative development process for ultrasonic components with little variable and limited product portfolio.
- User: High cost for new ultrasonic systems if requirements are changed. These are also only usable for special processes due to a lack of variation in bandwidth.

Current methods for the design of oscillation systems are sufficient accurate only for rotational-symmetric components of the systems with longitudinal oscillators. There is a lack of sufficient knowledge and strategies for the oscillation-technological design of complex, non-rotational-symmetric or multi-part components for ultrasonic systems. But many ultrasonic systems, such as for an ultrasonic assisted superfinishing process, require these kinds of complex oscillators. Also the design of active ultrasonic systems which do not use so-called longitudinal but flexural oscillators provides high potential for application for example in the ultrasonic assisted turning process; yet flexural ultrasonic system design is rarely explored.

Therefore, within the present work, principles as well as a time-saving and transparent methodology for the design of complex ultrasonic oscillators for active systems shall be developed. The development of a program for the automatic calculation and optimization of ultrasonic oscillators shall be particularly focused. The methodology shall be validated by the development of oscillators and systems for selected reference processes of the ultrasonic assisted machining.

The use of such a design methodology by companies in Germany can result in a reduction of costs for the development of ultrasonic systems. So it is possible to achieve efficiencies in the industrial areas in which the ultrasonic technology can be used. Thus, the industrial distribution of active ultrasonic technology can be significantly increased in welding and medical technology as well as metal machining.

2 Stand der Technik

State of the art

In diesem Kapitel werden zunächst die Begriffe „Schwingungsunterstützung“ und „Ultraschalltechnologie“ erläutert. Zur Schwingungsunterstützung mit Ultraschall werden aktive Ultraschallsysteme (auch „Leistungsschallsysteme“ genannt) eingesetzt. Bei den aktiven Ultraschallsystemen steht die Wirkung von Ultraschall auf ein Material im Vordergrund. Passive Ultraschallsysteme dagegen nutzen die Rückwirkungen des durchstrahlten Materials auf die Ausbreitung von Ultraschallwellen [MCGE88, LEHF73] und sind nicht Thema dieser Arbeit. Um die Funktionsweise der aktiven Systeme zu erläutern, werden die physikalischen Grundlagen der Ultraschalltechnik, die auf der Schwingungstheorie basieren, dargestellt. Davon ausgehend werden das Resonanzverhalten von Festkörpern und modale Größen beschrieben. Schließlich werden der Aufbau und die Funktionsweise von aktiven Ultraschallsystemen detailliert. Bei welchen technologischen Anwendungen diese zum Einsatz kommen und welche Designmethoden zur Berechnung der Systeme es derzeit gibt, wird im Anschluss daran gezeigt. Für die Auslegung der aktiven Ultraschallsysteme werden derzeit noch sehr einfache Methoden angewendet, deren Grenzen erläutert werden. Bei einigen Verfahren hat sich die Ultraschallunterstützung auf Laborstatus, jedoch längst noch nicht industriell etabliert, bei anderen Verfahren wird sie noch gar nicht eingesetzt. Zu Letzteren gehört das Superfinishing oder Kurzhubhonen. Der konventionelle Prozess wird hier beschrieben und seine Prozessgrenzen aufgezeigt, die mit Ultraschallunterstützung erweitert werden können. Weiterhin werden der bereits viel erforschte ultraschallunterstützte Drehprozess und dessen wesentliche Grenzen, die es zu überschreiten gilt, aufgezeigt. Schließlich wird der Stand der Technik zusammenfassend bewertet.

2.1 Schwingungsunterstützung

Oscillation assistance

Die Schwingungsunterstützung vieler Prozesse ist aus dem Alltag bekannt. Beispiele sind der Presslufthammer, die elektrische Zahnbürste, der Schlagbohrer oder ein Zahnsteinentferner. Bei einem Presslufthammer wird der Meißel in Schwingungen versetzt, um Material, z.B. einen Straßenbelag, zu zertrümmern. Ein Schlagbohrer führt zusätzlich zur Drehbewegung des Bohrwerkzeugs eine Schwingung in axialer Richtung des Bohrwerkzeugs aus. Durch die zusätzliche Schwingungsenergie können besonders feste Materialien durchbohrt werden. Mit Gebrauch einer elektrischen Zahnbürste kombiniert der Bediener seine manuelle Putzbewegung mit einer Schwingung des Bürstenkopfes, um gründlicher und effektiver zu putzen. Der Zahnarzt verwendet Ultraschallgeräte mit schwingender Metallspitze, um festen Zahnstein aufzubrechen und zu entfernen. Dies sind nur einige Beispiele, in denen einem Bewegungsvorgang eine Schwingung überlagert wird, um den Vorgang auszuführen oder lediglich zu verbessern. Hierbei wird die Wirkung von Schwingungsenergie auf ein Material gezielt genutzt. Bild 2-1 zeigt die oben genannten und weitere Beispiele sowie schematisch das Prinzip der Schwingungsunterstützung.

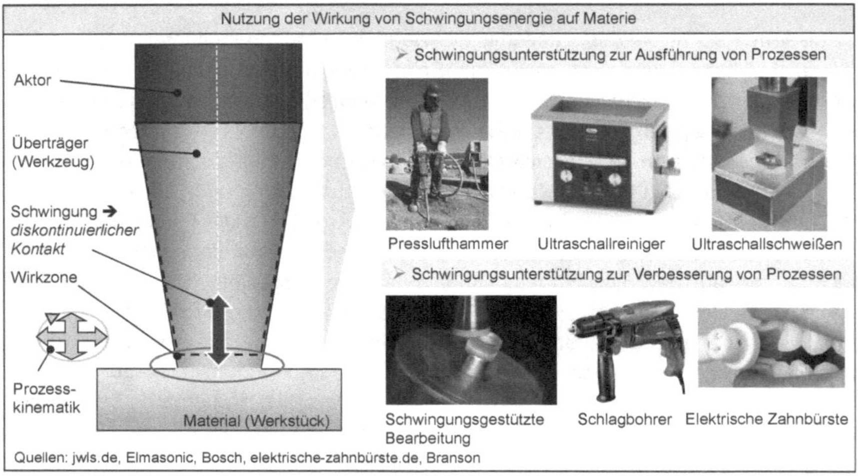

Bild 2-1: Beispiele für Schwingungsunterstützung
Examples for oscillation assistance

Bei allen Anwendungen wird die Schwingung durch einen Aktor generiert und durch ein individuelles Werkzeug in die Wirkzone am Material übertragen. Bei einem Schlagbohrer ist das schwingende Werkzeug der Bohrer, die Wirkzone eine Betonwand und das Material der Beton. Durch die Schwingung wird der Kontakt zwischen Werkzeug und Materialoberfläche unterbrochen und durch die Schwingenergie die Oberfläche des Materials beeinflusst.

Wenn das System Aktor - Werkzeug in sehr hohen Schwingungsfrequenzen in Resonanz schwingt, so handelt es sich um einen Bereich der Ultraschalltechnologie. Ultraschall ist Schall mit Frequenzen über der menschlichen Hörschwelle, also bei ca. 20 kHz bis 1 GHz.

Ultraschall wird in den verschiedensten Technologien eingesetzt (Bild 2-2), z.B. in der Fügetechnik, der Sonographie, der Chirurgie, der Reinigungstechnik, der spanenden Bearbeitung etc. [KUTT88, LEHF73]. Ultraschallsysteme, in denen sogenannte Resonanzschwinger integriert sind, deren Schwingungsenergie zur Ausführung oder Verbesserung vieler Arbeitsprozesse genutzt wird, sind sogenannte „aktive Ultraschallsysteme". Passive Ultraschallsysteme haben eine andere Funktionsweise, werden für abbildende Anwendungen genutzt und im weiteren Verlauf dieser Arbeit nicht behandelt [KOCI96]. Im Bild 2-2 sind die Anwendungen aktiver Ultraschallsysteme mit dem roten Quadrat gekennzeichnet. Diese haben prinzipiell einen ähnlichen Aufbau. Um das Funktionsprinzip der aktiven Ultraschallsysteme deutlich zu machen, werden im folgenden Kapitel die physikalischen Grundlagen der Ultraschalltechnik, angefangen bei der Schwingungstheorie, erläutert.

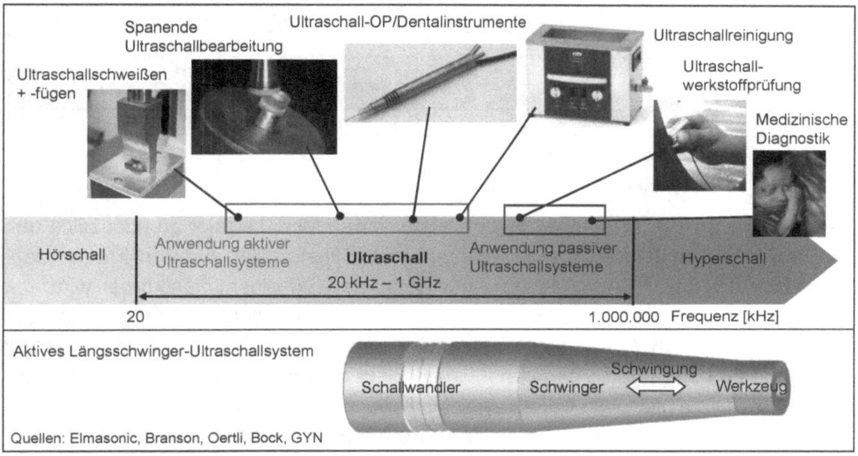

Bild 2-2: Anwendungen der Ultraschalltechnologie und aktives Ultraschallsystem
Application of ultrasonic technology and active ultrasonic system

2.2 Grundlagen der Ultraschalltechnik

Basics of ultrasonic technology

2.2.1 Schallausbreitung im Festkörper

Propagation of ultrasonic waves in solid bodies

Als „Schall“ wird die wellenförmige Ausbreitung von Schwingungen in Medien wie Gasen, Flüssigkeiten und Festkörpern bezeichnet. Schwingungen sind periodische Auslenkungen eines bestimmten Punktes eines Körpers um seine Nulllage. Eine harmonische Schwingung ist sinusförmig. Die momentane Auslenkung y(t) gibt den Weg an, um den sich der schwingende Körper zur Zeit t aus der Nulllage entfernt hat und ist durch ein Sinusgesetz beschrieben [FREI76, KUTT04, THOM74]:

$$y(t) = \hat{y} \cdot \sin(\omega t + \varphi_0) \text{ mit } \omega t = \varphi \quad [m] \qquad \text{(Gl. 2-1)}$$

mit der maximalen Schwingungsamplitude $\hat{y}$, dem Phasenwinkel φ und dem Nullphasenwinkel φ_0. Da die Sinusfunktion periodisch mit der Periode 2π ist, führt eine Zeitverschiebung um 2π/ω oder um ein ganzzahliges Vielfaches davon zum gleichen Funktionswert. Diese Zeitverschiebung ist die Periodendauer T der Schwingung, die Zeitspanne, die zwischen zwei gleichen Schwingungszuständen eines Körpers vergeht. Ihr Kehrwert ist die Frequenz f der Schwingung, die die Anzahl der Schwingungen pro Zeiteinheit beschreibt [FREI 76, KUTT04, KUTT88].

Schallschwingungen werden in verschiedene Frequenzbereiche (Tabelle 2-1) eingeteilt. Ultraschall sind akustische Erscheinungen, die oberhalb der menschlichen Hörschwelle bei Frequenzen von 16 kHz bis 1 GHz liegen [LEHF73, MILL87].

Frequenzbereiche	Gebiet der Akustik
0 < f < 20 Hz	Infraschall
16 Hz < f < 16 kHz	Hörschall
20 kHz < f < 1 GHz	Ultraschall
f > 1 GHz	Hyperschall

Tabelle 2-1: Frequenzbereiche in der Akustik

Frequency fields in acoustics

Die Ausbreitung von Ultraschall in einem stofflichen Medium folgt grundsätzlich den gleichen Gesetzmäßigkeiten wie diejenigen des Schalls aller anderen Frequenzen. Zur Beschreibung der Ausbreitung einer Schallwelle in einem Festkörper wird von einem eindimensionalen Wellenmodell, einer ebenen Welle, ausgegangen. Ein isotroper, homogener, räumlich begrenzter und elastischer Festkörper besteht modellhaft aus mehreren Ebenen mit vielen Einzelmassen, die elastisch miteinander verbunden sind (Bild 2-3, links). Wird nun die erste Ebene an einem Ende des Körpers mit einer sinusförmigen Schwingung angeregt, so beschreiben die Einzelmassen der ersten Ebene eine periodische Auslenkung um ihre Ruhelage in der Anregungsfrequenz und -amplitude. Durch die Verbindung mit der zweiten Ebene beginnen auch die Einzelmassen dieser Ebene zu schwingen. Diese regt wiederum die dritte Ebene an etc. Dies geschieht jedoch erst nach einer bestimmten Verzögerungszeit Δt, da die Verbindung elastisch ist. Die Ebenen führen nacheinander gleichartige erzwungene Schwingungen aus. Die räumliche und zeitliche Fortpflanzung dieser Schwingung wird als Welle bezeichnet. Wenn die Ebenen harmonische Schwingungen ausführen, entsteht eine harmonische lineare Welle. Eine Welle ist also ein zeitlich und räumlich periodischer Vorgang. Die zeitliche Periode ist die Periodendauer T, die räumliche Periode die Wellenlänge λ. Die Wellenlänge beschreibt den Abstand zweier Ebenen, in denen die Einzelmassen sich im gleichen Bewegungszustand befinden. Die Geschwindigkeit, mit der sich eine Schwingung in einem Festkörper fortpflanzt, wird Ausbreitungsgeschwindigkeit bzw. bei Schallwellen Schallgeschwindigkeit c genannt. Die Wellenlänge λ einer Schallwelle ist mit der Frequenz f und der Schallgeschwindigkeit c über folgende Beziehung verknüpft [KUTT88, MILL87]:

$$\lambda = \frac{c}{f} \qquad [m] \qquad \text{(Gl. 2-2)}$$

Schallwellen breiten sich in ruhenden Gasen und Flüssigkeiten ausschließlich in Form von Longitudinalwellen aus. Da Festkörper im Gegensatz zu Flüssigkeiten und Gasen neben der Volumenelastizität zusätzlich Formelastizität besitzen, können sich Schallwellen in Festkörpern nicht nur als Longitudinalwellen sondern in einer Vielzahl möglicher Wellenformen, insbesondere als Transversalwellen ausbreiten. Beispielhaft soll im Folgenden der Mechanismus der Ausbreitung einer reinen Longitudinalwelle und einer Transversalwelle in einem isotropen, homogenen, elastischen und unbegrenzten Festkörper beschrieben werden.

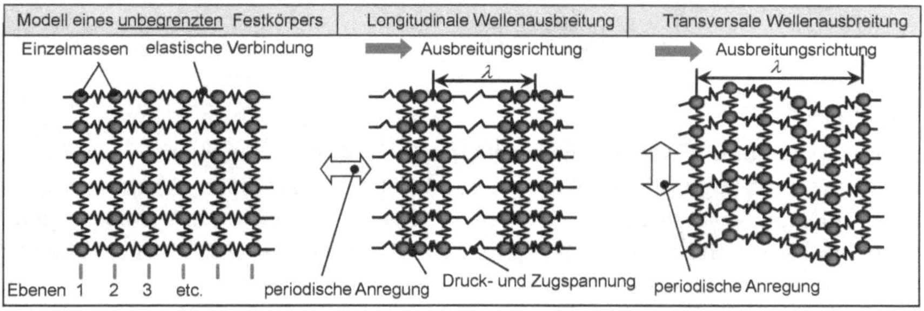

Bild 2-3: Wellenausbreitung im unbegrenzten, isotrop-homogenen, elastischen Festkörper
Wave propagation in an unlimited isotropic-homogeneous, elastic solid

Bild 2-3 zeigt links das Festkörpermodell, mittig die longitudinale und rechts die transversale Ausbreitung in einem solchen unbegrenzten Festkörper. Bei einem longitudinalen Wellentyp ist die Richtung der periodischen Anregung bzw. der Einzelmassenauslenkung gleich der Ausbreitungsrichtung der Welle. Durch diese phasenverschobene Schwingung der Massen um ihre räumlich festgelegte Ruhelage bilden sich Bereiche, in denen sich die Massen benachbarter Ebenen zu einem Zeitpunkt besonders nahe kommen. In diesen Bereichen herrscht Überdruck. Deshalb wird dieser Wellentyp auch Dichte- oder Kompressionswelle genannt. In festen elastischen Körpern besteht die Longitudinalwelle also aus einer periodischen Änderung der Normalspannung.

Die Schallgeschwindigkeit c eines Festkörpers ist immer gleich der Ausbreitungsgeschwindigkeit c_l einer longitudinalen Schallwelle und ist von den Eigenschaften des Materials abhängig. So berechnet sich die Schallgeschwindigkeit in Abhängigkeit vom Elastizitätsmodul E, der Dichte ρ und der Querkontraktionszahl ν zu:

$$c_l = \sqrt{\frac{E(1-\nu)}{\rho(1-\nu-2\nu^2)}} \qquad [m/s] \qquad \text{(Gl. 2-3)}$$

Bei einer Transversalwelle liegt das Erregerzentrum und damit die Auslenkungsrichtung der Einzelmassen eines Festkörpers senkrecht zur Ausbreitungsrichtung der Welle. Die Teilchenebenen eines Festkörpers werden parallel zueinander ausgelenkt und das Material auf Scherung beansprucht. Die Welle besteht also aus einer periodischen Änderung der Schubspannung senkrecht zur Wellenausbreitung. Die Ausbreitungsgeschwindigkeit c_t einer transversalen Schallwelle in einem Festkörper berechnet sich in Abhängigkeit vom Schubmodul G und der Dichte ρ des Materials zu [KUTT88, MILL87]:

$$c_t = \sqrt{\frac{G}{\rho}} = \sqrt{\frac{E}{2\rho(1+\upsilon)}} \qquad [m/s] \qquad \text{(Gl. 2-4)}$$

Das Verhältnis der longitudinalen und transversalen Schallgeschwindigkeit ist:

$$\frac{c_l}{c_t} = \sqrt{\frac{2\rho \cdot E(1-\upsilon)(1+\upsilon)}{\rho \cdot E(1-\upsilon-2\upsilon^2)}} = \sqrt{\frac{2(1-\upsilon)}{1-2\upsilon}} \qquad [-] \qquad \text{(Gl. 2-5)}$$

Das bedeutet stets $c_l > c_t$.

Bisher wurde nur der theoretische, unbegrenzte Festkörper betrachtet. In der Praxis allerdings treten begrenzte Festkörper auf, z.B. Platten oder Stäbe. An Grenzflächen zweier Medien sowie in dünnen Platten und Stäben können weitere Wellenformen auftreten, die sich durch die Überlagerung von Longitudinal- und Transversalwellen bilden. Sogenannte Rayleigh-Wellen treten z.B. an Grenzflächen von festen Stoffen oder an freien Oberflächen von Flüssigkeiten auf. Sie haben nur an oberflächennahen Bereichen eine Amplitude. Dehn-, Torsions- und Biegewellen treten z.B. bei dünnen Stäben auf (Bild 2-4) [LEHF73, KUTT88, MILL87].

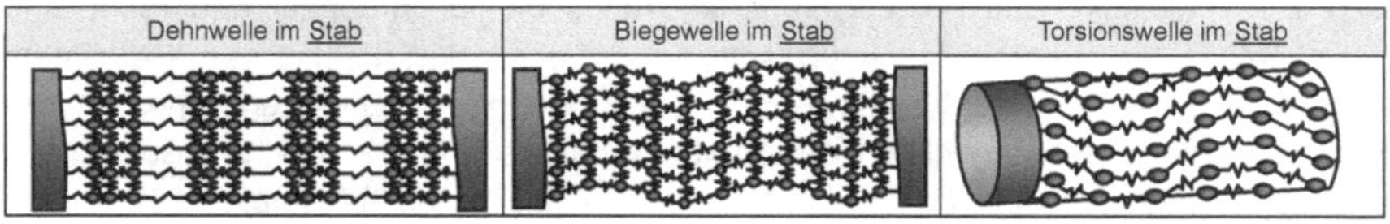

Bild 2-4: Wellenformen im Stab

Wave forms in a rod

Die Dehnwelle oder „Quasilongitudinalwelle", deren Teilchenbewegung überwiegend longitudinal ist, tritt in stabförmigen Festkörpern auf, da sich der Schall aufgrund der Grenzflächen zur Umgebung nicht mehr in Form einer reinen Longitudinalwelle ausbreitet. Die Schallgeschwindigkeit c_D einer Dehnwelle in einem stabförmigen Körper ist nur von seinem E-Modul E und seiner Dichte ρ_0 abhängig, da hier der Einfluss der Querkontraktion vernachlässigbar ist:

$$c_D = \sqrt{\frac{E}{\rho_0}} \qquad [m/s] \qquad \text{(Gl. 2-6)}$$

Die Torsionswelle in Stäben ist eine Form der Transversalwelle. Eine Torsionswelle entsteht, wenn z.B. in einem stabförmigen Festkörper die benachbarten Teilchenebenen gegeneinander verdreht werden. Die Auslenkungsrichtung der Einzelmassen liegt damit senkrecht zur Ausbreitungsrichtung der Welle. Das Material wird auf Scherung beansprucht. Die Ausbreitungsgeschwindigkeit einer Torsionswelle ist durch Gleichung 2-4 gegeben [KUTT88, MILL87].

Auch bei der Biegewelle in einem stabförmigen Körper liegt die Auslenkungsrichtung der Einzelmassen senkrecht zur Ausbreitungsrichtung der Welle. Die Schallgeschwindigkeit c_B einer Biegewelle in einem stabförmigen Körper mit dem Radius r bei der Anregungsfrequenz f berechnet sich dementsprechend zu:

$$c_B = \frac{\pi \cdot r}{\lambda_B}\sqrt{\frac{E}{\rho_0}} \quad \Leftrightarrow \quad c_B(f;r) = \sqrt{\pi \cdot r \cdot f \sqrt{\frac{E}{\rho_0}}} \qquad [m/s] \qquad \text{(Gl. 2-7)}$$

Die Schallgeschwindigkeit einer Biegewelle in einem stabförmigen Körper ist keine Konstante wie bei einer reinen Transversalwelle. Sie ist abhängig von der Anregungsfrequenz f und dem Radius r des stabförmigen Körpers. Dies wird als „Dispersion“ bezeichnet [KUTT88].

2.2.2 Schallfeld, Reflexion und Brechung

Sound field, reflection and refraction

Als Schallfeld wird der Raum bezeichnet, in dem Materialteilchen periodische Schwingungen ausführen, die ihnen von einem Schallsender aufgezwungen werden. Neben der Schallgeschwindigkeit c sind weitere Kenngrößen des Schallfelds der Schalldruck p, die Schallschnelle v und die Schallintensität I. Die in einer (longitudinalen) Schallwelle auftretenden orts- und zeitabhängigen Dichteänderungen sind mit Druckschwankungen verknüpft. Der periodische Wechsel von Über- und Unterdruck wird als Schalldruck p bezeichnet. Als Schallschnelle v wird die Geschwindigkeit bezeichnet, mit der ein Teilchen ausgelenkt wird. Sie berechnet sich aus der zeitlichen Ableitung der Teilchenauslenkung. Die Schallintensität I ist die Energiemenge pro Sekunde die eine Flächeneinheit passiert [LEHF73, KUTT88].

Die Schallimpedanz ist eine wichtige Kenngröße des Mediums, durch das sich die Schallwelle fortpflanzt. Sie beschreibt das Verhältnis von Schalldruck p zur Schallschnelle v. Dieses ist gleich dem Produkt aus Ruhedichte ρ und Schallgeschwindigkeit c des betreffenden Mediums [LEHF73, KRAU86].

Schallwellen werden an Grenzflächen mit unterschiedlicher Schallimpedanz teilweise oder total reflektiert. Im Bild 2-5, links, ist der schräge Einfall einer Schallwelle auf eine Grenzfläche zwischen dem Medium 1 mit der Schallimpedanz Z_1 und dem Medium 2 mit der Schallimpedanz Z_2 dargestellt. Ein Teil der Welle breitet sich im Medium 2 mit der Schallgeschwindigkeit c_2 ein und ein Teil wird an der Grenzfläche reflektiert. Der Zusammenhang der Schallgeschwindigkeiten c_1 und c_2 und den Winkeln θ_1 und θ_2 wird durch das Brechungsgesetz beschrieben [LEHF73, KUTT88]:

$$\frac{\sin\theta_1}{\sin\theta_2} = \frac{c_1}{c_2} \qquad \text{(Gl. 2-8)}$$

Im Bild 2-5, rechts, ist der senkrechte Einfall einer Schallwelle auf eine Grenzfläche dargestellt. Die einfallende Welle wird nicht gebrochen. Die Ausbreitungsrichtungen der durchgelassenen Welle und der reflektierten Welle verlaufen senkrecht zur Grenzfläche.

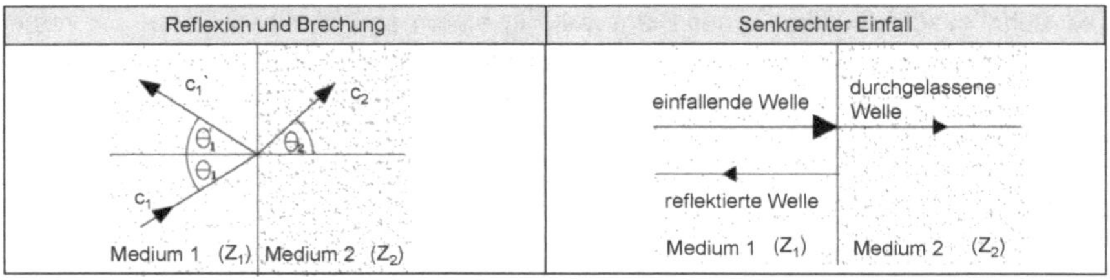

Bild 2-5: Reflexion und Brechung von Schallwellen: Schräger und senkrechter Einfall
Reflection and refraction of sonic waves: diagonal and orthogonal incidence

2.2.3 Stehende Wellen, Resonanz und Schwingungsmoden
Standing waves, resonance and oscillation modes

Die Reflexion oder Totalreflexion an Grenzflächen bewirkt, dass eine senkrecht auftreffende Welle in entgegengesetzter Richtung mit derselben Frequenz und Amplitude zurückläuft und sich mit der ankommenden Welle überlagert. Durchläuft eine Schallwelle beispielsweise einen zylinderförmigen Festkörper, dessen axiale Ausdehnung begrenzt ist, so wird die Welle an der Grenzfläche zum Umgebungsmedium reflektiert, sofern sich die Schallimpedanzen stark voneinander unterscheiden. Durch die Überlagerung zweier gegenläufiger Wellen entsteht eine stehende Welle. Diese ist durch sogenannte Schwingungsknoten und Schwingungsbäuche gekennzeichnet. An den Schwingungsknoten sind die Materialteilchen des Festkörpers dauernd in Ruhe, da sich die beiden Wellen durch die Überlagerung von positiver und negativer Auslenkung gerade auslöschen. Benachbarte Knoten haben einen Abstand von $\lambda/2$. Zwischen den Knoten liegen die Schwingungsbäuche, in denen alle Materialteilchen in Phase aber mit unterschiedlichen Amplituden schwingen. Im Abstand von $\lambda/4$ zu einem Knoten ist das Maximum des Schwingungsbauchs, der Ort der größten Teilchenauslenkung. Da die Schalldruckamplitude zur Auslenkungsamplitude um $\lambda/4$ verschoben ist, tritt an den Knoten der größte Druckunterschied Δp auf. Dementsprechend ist der Druck an den Schwingungsbauchmaxima gleich null. Bild 2-6 zeigt eine stehende longitudinale Schallwelle in einem zylinderförmigen Festkörper sowie den Verlauf der Teilchenauslenkung und des Drucks. Zur Ausbildung stehender Wellen müssen für die Wellenlänge λ, die sich aus der Frequenz f und der Schallgeschwindigkeit c des Mediums ergibt, und für die Länge l des Wellenträgers und n = 0, 1, 2, etc. folgende Bedingungen erfüllt sein [LEHF73]:

- $\lambda = 2\,l / (n + 1)$ bei ungleichen Reflexionsenden (fixiert und frei schwingend)
- $\lambda = 4\,l / (2\,n + 1)$ bei gleichen Reflexionsenden (beide fixiert oder frei schwingend)

Wird ein Festkörper durch Schallwellen zu Schwingungen mit einer definierten Frequenz angeregt, so heißt eine solche Schwingung „erzwungene Schwingung“. Der Körper schwingt in der Frequenz des Erregers. Das Auftreten einer besonders großen Amplitude bei einer bestimmten Frequenz heißt Resonanz, die Frequenz, bei der Resonanz auftritt, heißt Resonanzfrequenz. Der Festkörper reagiert also am stärksten, wenn die Anregungsfrequenz mit seiner Eigenfrequenz (Resonanzfrequenz) übereinstimmt. Ein Körper hat mehrere Eigenfrequenzen, bei denen er in unterschiedlichen Schwingungsformen, Eigenmoden oder Eigenformen genannt, schwingt. Diese Schwingungsformen können rein longitudinaler Art (Längsschwingung), transversaler Art (Biegeschwingung oder Torsionsschwingung) oder eine Mischform sein. Mischformen sind Überlagerungen von unterschiedlichen Eigenmoden. Im Bild 2-6, unten, sind die drei Eigenmoden Longitudinalmode, Torsionsmode und Biegemode eines stabförmigen Beispielkörpers bei seinen Eigenfrequenzen dargestellt. Einen Stab, der bei einer bestimmten Frequenz im Longitudinalmode schwingt, durchläuft also eine stehende Longitudinalwelle mit Schwingungsknoten in der Eigenfrequenz des Körpers. Die Hauptschwingrichtung ist parallel zur Stabachse. Schwingt er im Biegemode, so existiert eine stehende Biegewelle mit Knoten, die eine andere Eigenfrequenz des Körpers trifft. Die Hauptschwingrichtung ist hier orthogonal zur Stabachse.

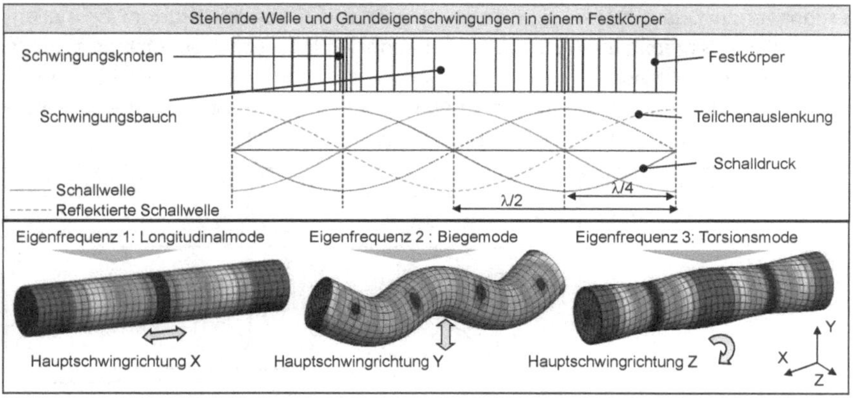

Bild 2-6: Stehende Festkörperwelle und Eigenformen eines stabförmigen Festkörpers

Standing longitudinal solid body wave and natural oscillation forms of a rod

Der Aufbau von aktiven Ultraschallsystemen, z.B. zur Unterstützung eines Zerspanprozesses, basiert auf Festkörpern, die bei einer bestimmten Resonanzfrequenz in einem definierten Eigenmode schwingen. Üblicherweise wird die Längsschwingung genutzt.

2.2.4 Piezoelektrische Ultraschallerzeugung

Ultrasonic generation

Ultraschall kann durch verschiedene Energieumwandlungsprozesse erzeugt werden, z.B. mechanisch, elektromechanisch oder thermisch. Mechanische Ultraschallerzeuger generieren Druckschwankungen mit Ultraschallfrequenz in Luft oder Flüssigkeiten durch Verwirbelungen von (Luft-)Strömungen und werden in der Praxis nur selten angewendet. Die thermische Erzeugung von Ultraschall basiert auf einer periodischen Überhitzung von Gasen oder Festkörpern, wodurch lokal ausgelöst mechanische Druckschwankungen hervorgerufen werden. Thermische Verfahren besitzen heute vor allem zur Anregung höchster Ultraschallfrequenzen im Gigahertzbereich Bedeutung. In aktiven Ultraschall- oder Leistungsultraschallsystemen werden fast ausschließlich elektromechanische Ultraschallerzeuger verwendet.

Elektromechanische Ultraschallsender sind heute überwiegend nach dem piezoelektrischen Prinzip aufgebaut. Als piezoelektrischer Effekt wird die Entstehung einer elektrischen Spannung in einem Material aufgrund von Ladungsverschiebungen durch eine gerichtete Verformung bezeichnet. Der piezoelektrische Effekt kann auch umgekehrt genutzt werden, indem an ein Piezomaterial eine elektrische Spannung angelegt und das Material dadurch verformt wird [PHIL88]. Im Bild 2-7 ist dies am Beispiel von Quarz (SiO_2) dargestellt. Links im Bild ist der unverformte, unpolarisierte Quarz zu sehen, in der Mitte der Piezoeffekt und rechts der reziproke Piezoeffekt. Das bekannteste Material mit Piezoeigenschaften ist Quarz. Weitere Materialien sind Bleizirkonattitanat (PZT), Bariumtitanat, Bleimetaniobat und Lithiumniobat. Im Gegensatz zu Quarz lassen sich diese Stoffe nur in Form von Pulvern herstellen. Durch einen Sinterprozess und anschließender Polarisation des Materials durch Anlegen eines elektrischen Felds können jedoch aus ihnen piezoelektrische Keramiken hergestellt werden. Die derzeit am häufigsten für Ultraschallerzeuger eingesetzte Piezokeramik ist PZT [PICE12a, PICE12b, MILL87, LEHF73].

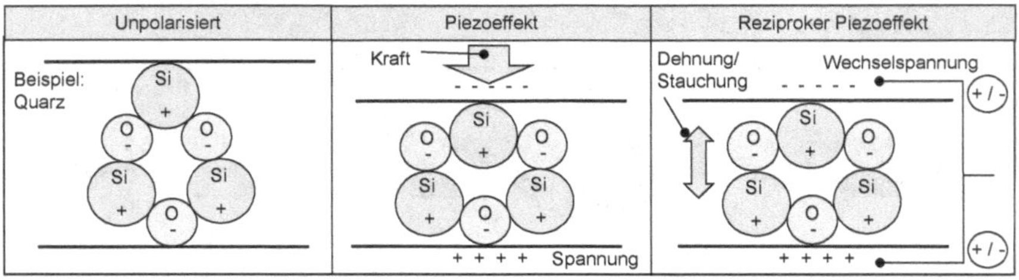

Bild 2-7: Piezoelektrische Effekt am Beispiel von Quarz

Piezoelectrical effect in quartz crystal

Piezoelektrische Materialien werden meistens in Form von Platten verwendet. Diese werden beim reziproken piezoelektrischen Effekt durch Anlegen einer elektrischen Wechselspannung zu Dickenschwingungen in der Eigenfrequenz der Platte angeregt. Aus Herstellungsgründen sind solche Platten zwischen 0,1 mm und 10 mm dick. Die Eigenfrequenz einer 1 mm dicken Platte liegt bei ca. 2 MHz. Dementsprechend liegen die Eigenfrequenzen von Piezoplatten im Bereich von 0,2 MHz bis 20 MHz. Für die üblichen Ultraschallanwendungen werden jedoch niedrigere Frequenzen im Bereich von 20 kHz bis 50 kHz benötigt. Daher wird die Piezo-Platte mit einer inaktiven Zusatzmasse aus Metall zu einem Verbundschwinger gekoppelt, um die Frequenz durch die höhere Masse zu verringern. Der Verbundschwinger, auch Schallwandler genannt, wird für die meisten Ultraschallanwendungen genutzt [LEHF73, KUTT88]. Eine Beschreibung des Aufbaus eines solchen Schallwandlers folgt im Kapitel 2.3.2.

2.3 Aktive Ultraschallsysteme

Active ultrasonic systems

2.3.1 Anwendungen aktiver Ultraschallsysteme

Application of active ultrasonic systems

Spanende Fertigungsverfahren

Ultraschallunterstütztes Schleifen (Bild 2-8, links): Beim Ultraschallschleifen wird der Schleifspindelrotation eine axiale Oszillation des Werkzeugs mit Ultraschallfrequenz überlagert. Die mit einem längs schwingenden Ultraschallschwingsystem erzeugte Axialschwingung des Werkzeugs führt zu einem diskontinuierlichen Kontakt zwischen Werkzeug und Werkstück. Insbesondere bei der Bearbeitung von sprödharten Materialien wie Glas und Keramiken führt dies zur Mikrorissbildung auf der Werkstückoberfläche und damit zu einer wirtschaftlicheren Zerspanung. Gleichzeitig führt der diskontinuierliche Kontakt zu einer Prozesskraftreduktion, je nach Material, von bis zu 50 %. Da dies eine Erhöhung der Vorschubgeschwindigkeit ermöglicht, können Abtragssteigerungen von bis zu 250 - 300 % erreicht werden [SCHU08]. Darüber hinaus wird durch das regelmäßige Abheben des Werkzeugs vom Werkstück die Schmierstoffzufuhr und Spülwirkung verbessert und die Reibung vermindert. Die Frequenzen der Ultraschallschwingung beim Schleifen liegen üblicherweise im Bereich von 20 kHz bis 25 kHz und die Schwingungsamplituden bei 20 µm bis 30 µm. Trotz der guten Eigenschaften wie die Steigerung der Abtragsrate wird das Verfahren des Ultraschallschleifens bisher nur in Sonderfällen mit bestimmten Werkzeuggeometrien wie Topfschleifscheiben genutzt oder in Spezialmaschinen mit integrierten, auswechselbaren Werkzeug-Aktorsystemen, in denen eine begrenzte Bandbreite an Werkzeuggeometrien genutzt werden können [SCHU08, DMGS12].

Ultraschallunterstütztes Drehen (Bild 2-8, rechts): Die Kinematik des konventionellen Drehprozesses wird mit einer Ultraschallschwingung des Werkzeugs normal, tangential oder in seltenen Anwendungen elliptisch überlagert [SUZU03, BULL08, KLOC02, MARK66, THOE98]. Bei der normalen und tangentialen Schwingrichtung werden dabei Längsschwinger eingesetzt. Bei der zweiachsigen, elliptischen Schwingbewegung können Biegeschwinger eingesetzt werden, was aber derzeit noch ungebräuchlich ist. Die wesentlichen Vorteile einer Ultraschallunterstützung beim Drehprozess sind die Verringerung der Schnittkräfte und die Steigerung der Werkzeugstandzeit durch die Schnittunterbrechung. Außerdem ist eine Drehbearbeitung von Stählen mit Diamantwerkzeugen realisierbar, da Diffusionsvorgänge stark verlangsamt werden. Dies wird zunehmend bei der Herstellung von Formwerkzeugen in der Optikreplikation genutzt [BULL08]. Im Kapitel 2.6 wird dieser Prozess näher erläutert.

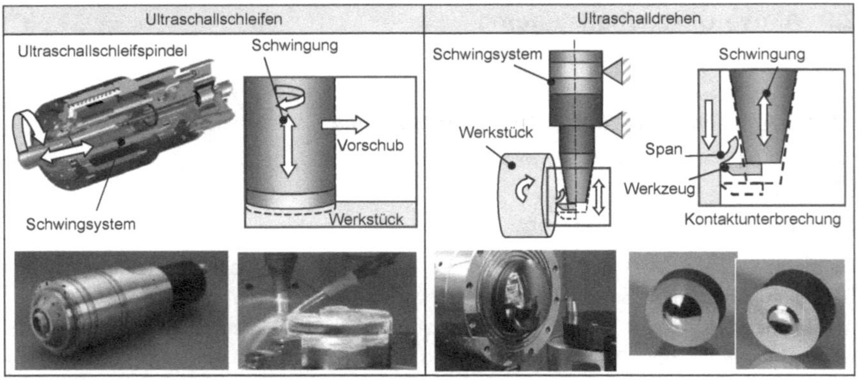

Bild 2-8: Ultraschallunterstützte spanende Fertigungsverfahren [SCHU08, BULL12]

Ultrasonic assisted cutting processes [SCHU08, BULL12]

Ultraschallunterstütztes Läppen/Bohren: Das an einem längs schwingenden Schallerzeuger und dem Schwingungsamplitudenverstärker angebrachte Bohr- bzw. Läppwerkzeug versetzt eine zwischen Werkzeug und Werkstück gebrachte Suspension in Schwingungen. Die Körner in der Suspension sorgen so für den Materialabtrag. Durch Mikrorissindizierung wird die Bearbeitung von sprödharten Materialien vereinfacht [HAAS91].

Medizintechnik

In der Medizintechnik finden aktive Ultraschallsysteme insbesondere in der Chirurgie und in der Dentalmedizin Anwendung. Dabei wird die Einleitung von Schwingungen in das medizinische Instrument zur Zertrümmerung von physikalischen Bestandteilen genutzt. Im Dentalbereich kommen z.B. Ultraschallreiniger zur Zahnsteinentfernung zum Einsatz, in der Augenchirurgie zur Unterstützung der Linsen-Emulsifikation (Zertrümmerung des Linsenkerns im Rahmen einer Star-Operation). Die Ultraschallsysteme für die Augenchirurgie arbeiten üblicherweise mit einer Frequenz von 40 kHz und mit Schwingungsamplituden an der Operationsnadel von bis zu 80 µm [LUME12, IULA01].

Fügetechnik

Ultraschallschweißen von Metallen (Bild 2-9, links): Beim Ultraschallschweißen von Metallen werden die zu verbindenden Flächen unter einem definierten Anpressdruck aneinander gerieben. Dadurch wird der Abstand der Moleküle der zu verbindenden Oberflächen soweit verringert, dass die van-der-Waalsschen Bindungskräfte wirksam werden können. Dazu wird ein aktives Ultraschallsystem eingesetzt, das parallel zur Fügeebene angeordnet ist. Das Verfahren kann hauptsächlich zum Verschweißen von Aluminium mit einer Dicke von maximal 2 mm und von dünnen Drähten, Blechen oder Folien in einem Dickenbereich von 0,005 mm bis 0,1 mm eingesetzt werden. Am besten lässt sich Aluminium mit vielen anderen Materialien mit Ultraschall verschweißen. Es werden üblicherweise Systeme mit Arbeitsfrequenzen von 20 kHz eingesetzt. Beim Feinpunktschweißen kommen auch 60 kHz-Systeme zur Anwendung [KUTT88].

Ultraschallfügen von Kunststoffen (Bild 2-9, rechts): Beim Ultraschallschweißen von Kunststoffen (nur Thermoplaste) wird über ein aktives Ultraschallschwingsystem Schwingenergie in den Kunststoff eingeleitet. Durch die Absorption des Ultraschalls im Kunststoff erhitzen sich die Kunststoffe an den zu verbindenden Stellen über den Erweichungspunkt hinaus und verschweißen. Es werden Systeme mit Frequenzen von beispielsweise 20 kHz und 40 kHz und Amplituden von 15 µm bis 60 µm genutzt. Das Ultraschallwerkzeug muss so gestaltet sein, dass es die Geometrie der Fügestelle besitzt und über seine gesamte Wirkfläche möglichst mit gleicher Amplitude und Phase schwingt. Das Ultraschallschweißen von Kunststoffen wird in fast allen Zweigen der kunststoffverarbeitenden Industrie, z.B. der Elektro-, Kraftfahrzeug-, Foto- und Verpackungsindustrie eingesetzt [KUTT88, RISC86].

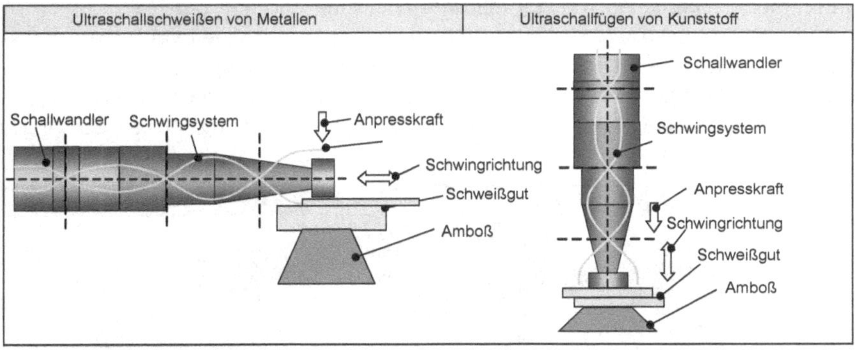

Bild 2-9: Ultraschallfügetechnik

Ultrasonic welding technology

Reinigungstechnik

Ein zu reinigender Gegenstand wird in ein mit Reinigungsflüssigkeit gefülltes Bad getaucht. Dieses Bad ist einem starken Ultraschallfeld ausgesetzt. Das Ultraschallfeld wird durch ein oder mehrere Schallwandler erzeugt, die das Umfeld zu Schwingungen anregen. Es tritt Kavitation auf, d.h. Implosionen von Gas- bzw. Dampfbläschen, die durch das Ultraschallfeld an der Oberfläche der zu reinigenden Fläche entstehen. Ein Reinigungseffekt entsteht durch mechanische Kräfte und Bewegung der Flüssigkeit [LEHF73].

2.3.2 Aufbau und Funktion aktiver Ultraschallsysteme

Assembly and function of active ultrasonic systems

Das klassische Ultraschallsystem, wie es in nahezu allen Verfahrensvarianten der Anwendung aktiver Schwingsysteme verwendet wird, besteht üblicherweise aus den Komponenten Schallwandler, Schwinger bzw. Sonotrode und prozessspezifischem

Werkzeug. Bild 2-10 zeigt den prinzipiellen Aufbau eines aktiven Ultraschallsystems. Es handelt sich um ein üblicherweise eingesetztes, einfaches Längsschwingersystem.

Der Schallwandler wandelt die vom Generator erzeugte elektrische Energie in mechanische Energie um. Es wird fast ausschließlich der umgekehrte piezoelektrische Effekt zur Schwingungserzeugung genutzt. Der Schallwandler ist meist als Verbundschwinger aufgebaut: Ein Paket von z.B. zwei oder vier verschalteten Piezokeramiken, die mit zwei metallischen Massen z.B. aus Stahl, Aluminium oder Titan verspannt sind, um eine definierte Resonanzfrequenz im Ultraschallbereich zu erreichen. Verwendet werden hochleistungsfähige Piezokeramiken in Ringform, die elektrische in mechanische Energie mit einem Wirkungsgrad von etwa 95 % umwandeln. Die Schallwandlerkomponenten werden mit den paarweise angeordneten piezokeramischen Ringen in axialer Richtung fest verspannt, damit sie die auftretenden Schwingungskräfte aufnehmen können. Bild 2-10, rechts oben, zeigt einen verschraubten Verbundschwinger mit zwei Zusatzmassen und vier Piezoelementen [SCHU08]. Der Schallwandler muss mit seiner Resonanzfrequenz auf den Arbeitsfrequenzbereich des Ultraschallgenerators, der den Wandler elektrisch versorgt, ausgelegt sein. Über einen Gewindebolzen erfolgt die mechanische Ankopplung in axialer Richtung und damit die Schall- und Energieübertragung an den Schwinger [LEH73].

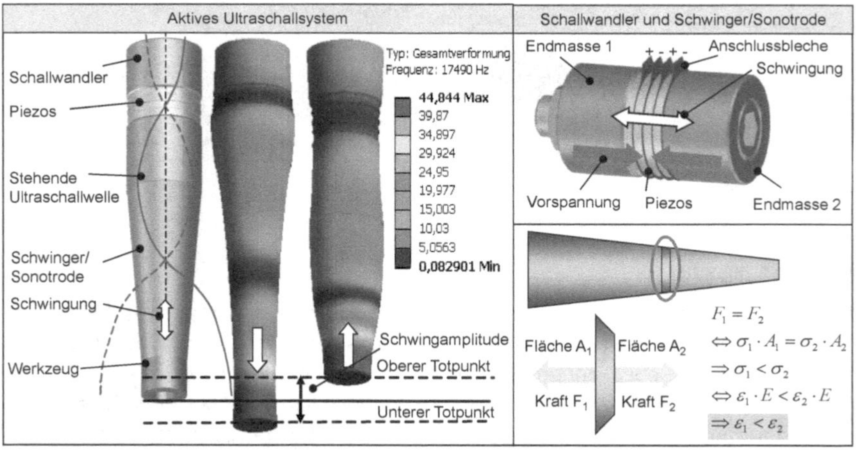

Bild 2-10: Übliches aktives Längsschwinger-Ultraschallsystem

Common active longitudinal ultrasonic system

Der Schwinger, auch Sonotrode genannt, schließt sich an den Schallwandler an und überträgt die Ultraschallschwingung auf das angekoppelte Werkzeug. Der Schwinger ist meist ein stabförmiger Festkörper aus Stahl, Aluminium oder Titan, der in der Arbeitsfrequenz des Schallwandlers eine Resonanzfrequenz besitzt. Bei dieser Frequenz weist der Schwinger bei üblichen Ultraschallschwingsystemen eine Längsschwingungsform auf. Diese Pumpbewegungen im Mikrometerbereich werden an das Werkzeug übertragen, welches dann ebenfalls diese Schwingbewegung ausführt. An der Grenzfläche Werkzeug - Umgebung wird die Ultraschallwelle, die vom Schallwandler ausgesendet wird, reflektiert und überlagert sich mit der ankommenden Welle zu einer stehenden Longitudinalwelle über das gesamte System. Diese stehende Welle hat positionsfeste Schwingungsknoten und -bäuche. Die Positionen der Schwingungsknoten eignen sich als Anknüpfungspunkte zur Lagerung des Gesamtsystems, da hier die Längsschwingung annähernd null ist.

Die Geometrie des Schwingers bzw. der Sonotrode muss so gestaltet sein, dass bei einer definierten Frequenz die gewünschte Schwingungsform auftritt. Darüber hinaus kann die Schwingungsamplitude, die vom Schallwandler ausgeht, mittels der Schwingergeometrie angepasst, falls am Werkzeug eine größere oder kleinere Amplitude gefordert ist. Entscheidend sind dabei die Eingangs- und Ausgangsflächen des Schwingers. Ist die Eingangsfläche A_1 größer als die Ausgangsfläche A_2, so hat dies, abhängig von der Geometrie des Schwingers, eine Verstärkung der Schwingungsamplitude von x_1 zu x_2 zur Folge. Dies lässt sich über das Hook`sche Gesetz begründen [PÄSL60]. Bild 2-10, rechts unten, zeigt ein infinitesimal dünnes Scheibenelement senkrecht zur Achse eines beliebigen, rotationssymmetrischen Bauteils. An der Eingangsfläche des Elements A_1 wirkt die Kraft F_1, an der kleineren Ausgangsfläche A_2 die Kraft F_2. Aufgrund des Kräftegleichgewichts treten an A_2 größere Spannungen σ_2 und dementsprechend größere Dehnungen ε_2 auf. Eine Querschnittsverjüngung führt dementsprechend zu einer Vergrößerung der Schwingungsamplitude. Der Schwinger kann umgekehrt auch zur Verringerung der Schwingungsamplitude genutzt werden (Amplitudenuntersetzung). Der Übersetzungsfaktor (Verstärkungs- bzw. der Verkleinerungsfaktor) beschreibt das Verhältnis zwischen Ausgangs- und Eingangsamplitude. Im Laufe der Zeit sind verschiedene Formen von Längsschwingern als Amplitudentransformatoren untersucht und entwickelt worden, von denen die wichtigsten drei hier kurz vorgestellt werden (Bild 2-11) [MILL87, KUTT88].

Die *Stufenform* ist die einfachste Form eines Amplitudentransformators. Es besteht aus einem Stab, dessen beide Hälften die Querschnittsflächen A_1 und A_2 haben und Längen, die jeweils einem Viertel der Dehnwellenlänge λ_D entsprechen. Diese wird dabei als groß im Vergleich zu den Querabmessungen beider Leitungsabschnitte vorausgesetzt. Da in der Mitte auf beiden Seiten des Querschnittsprungs Kräftegleichheit herrschen muss, verhalten sich dort die mechanischen Spannungen umgekehrt zu den Querschnittsflächen. Dasselbe gilt für die Schwingungsamplituden an den beiden als unbelastet vorausgesetzten Leitungsenden. Bei hohen Schwingungsamplituden neigt das Stufenhorn zum Abreißen in der Mitte, da dort hohe Kerbkräfte auftreten. Daher wird der Querschnittssprung meist durch einen konischen Übergang oder eine Verrundung abgemildert. Eine Halterung kann am Querschnittssprung angebracht werden, da dort die Schwingungsamplitude verschwindet oder bei unsymmetrischer Last doch sehr klein wird. Die Stufenform ist leicht zu fertigen, und es kann ein hoher Verstärkungsfaktor erreicht werden.

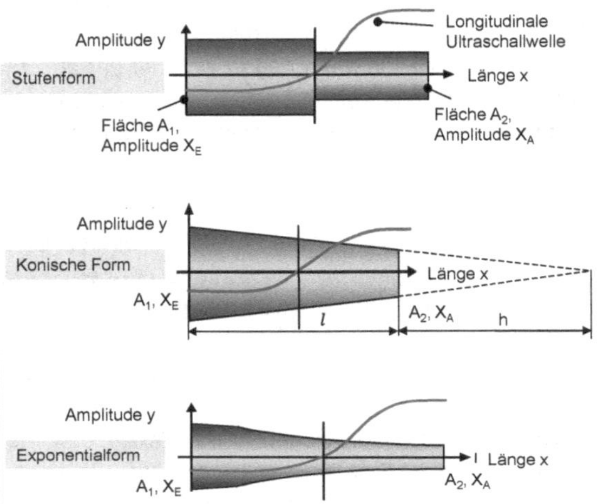

- Stufenform
  - \+ Hoher Übersetzungsfaktor
  - \+ Einfache Herstellung
  - \- Hohe Belastungen durch Wechselspannung an Stufe

  Übersetzungsfunktion:

  $$\left|\frac{X_A}{X_E}\right| = \frac{A_1}{A_2}$$
- Konische Form
  - \+ Einfache Herstellung
  - \- Geringer Übersetzungsfaktor

  Übersetzungsfunktion:

  $$\left|\frac{X_A}{X_E}\right| = \sqrt{\frac{1 + k^2(l + h)^2}{1 + k^2 h^2}}$$

  mit $k = 2\pi/2\lambda_D$
- Exponentialform
  - \+ Hoher Übersetzungsfaktor
  - \- Aufwendige Herstellung

  Übersetzungsfunktion:

  $$\left|\frac{X_A}{X_E}\right| = \sqrt{\frac{A_1}{A_2}}$$

Bild 2-11: Grundformen von Amplitudentransformatoren [KUTT88]
Basic shapes of amplitude transformators [KUTT88]

Eine weitere Grundform eines Amplitudentransformators ist die *konische Form*, in der Gestalt eines Kegelstumpfes. Die konische Form ist ebenfalls leicht zu fertigen, es lässt sich jedoch kein besonders hoher Verstärkungsfaktor erreichen. Eine *Exponentialform* lässt sich schwieriger herstellen, es kann aber ein hoher Übersetzungsfaktor erreicht werden. Die Schwingeigenschaften aller drei vorgestellten Grundformen lassen sich durch analytische Formeln berechnen, solange keine komplexen geometrischen Details eingefügt werden oder ein von der Längsschwingungsform abweichende Schwingungsform gefordert ist [MILL87, KUTT88]. Die Geometrie des Werkzeugs ist vom Prozess abhängig, in dem das System eingesetzt wird. Es kann z.B. ein Bohr-, ein Schneid- oder ein Schleifwerkzeug sein. Ist das Werkzeug klein im Gegensatz zum Schwinger, so kann es als mitschwingender Werkzeugaufsatz auf den Schwinger aufgebracht werden. Ist das Werkzeug größer, so muss es als eigener Resonanzkörper im Gesamtsystem betrachtet werden. Der Schwinger kann auch direkt als „Schwingerwerkzeug“ ausgeführt sein, also ein Resonanzkörper, der gleichzeitig das Werkzeug ist.

2.4 Herkömmliche Auslegung von aktiven Ultraschallsystemen

Current design of active ultrasonic systems

Nachdem der Aufbau und die Funktionsweise von herkömmlichen aktiven Ultraschallsystemen sowie die wichtigsten Schwingerkomponenten beschrieben wurden, wird hier die Herstellung einer solchen Komponente erläutert. Bild 2-12 zeigt dazu oben die Herstellungskette und unten einen Überblick über die derzeit eingesetzten Berechnungsmethoden, welche im Folgenden näher erläutert werden.

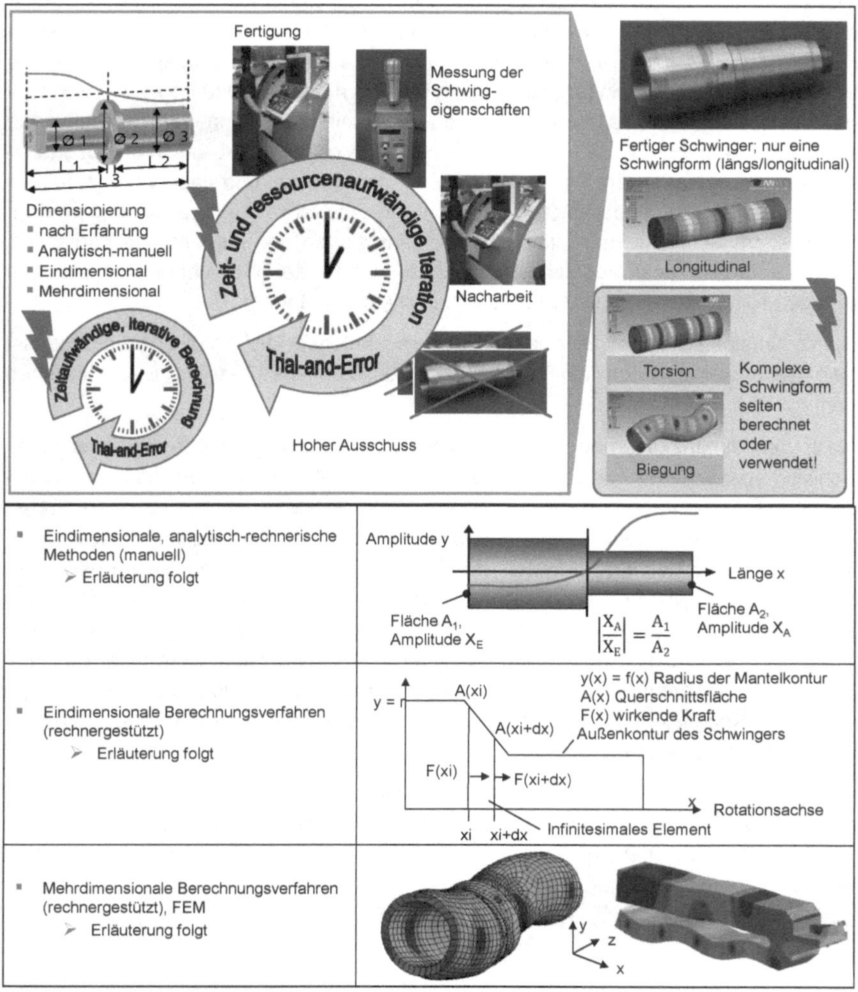

Bild 2-12: Herkömmliche Herstellung einer Ultraschallkomponente und Methoden

Common manufacturing of an ultrasonic component and methods

Zunächst wird ausgehend von den Anforderungen an das Schwingverhalten die Schwingergeometrie dimensioniert. Dazu werden, je nach Komplexität, Erfahrungswerte herangezogen oder eine analytisch-manuelle, eine eindimensional-rechnergestützte oder eine mehrdimensional-rechnergestützte Berechnungsmethode angewendet. Einfache Längsschwingergeometrien, die einer stabförmigen Grundform gleichen, werden meist erfahrungsbasiert oder eindimensional ausgelegt. Je komplexer die Geometrie, desto mehr geometrische Details und Abweichungen von der Stabform liegen vor. Details wie Bohrungen, Querschnittssprünge, Kanten, etc. fließen massiv in die Berechnung der Schwingungseigenschaften mit ein. Eine eindimensionale, analytisch-manuelle Auslegung ist daher nicht mehr ausreichend sondern nur eine iterative, mehrdimensionale Auslegung. Je weniger Erfahrung der Entwickler mit der Schwingerauslegung hat und je höher der Detailgrad der Geometrie, desto höher ist die Anzahl der Iterationsschleifen, die in der rechnerischen Auslegung gemacht werden müssen, bis ein Schwinger mit gewünschter Resonanzfrequenz und gefordertem Eigenmode sowie Knotenanzahl und -lage vorliegt. Iterativ werden die Geometrieparameter des Schwingermodells millimeterweise geändert. Nach jedem Schritt werden die Schwingeigenschaften des Modells neu berechnet. Je nach Größe des Modells können Änderungen der Geometrieparameter um wenige Millimeter das Schwingverhalten signifikant verändern.

Die Dimensionierung von Schwingern für verschiedenste Ultraschallanwendungen ist also gegenwärtig durch ein zeitaufwändiges, iteratives *Trial-and-Error*-Vorgehen geprägt.

Nach der Dimensionierung wird das Modell des Schwingers gefertigt, und seine Schwingeigenschaften werden vermessen. Je nach Art und Genauigkeit der Methode zur Schwingerberechnung und je nach Komplexität des Schwingers treten Abweichungen vom gewünschten Schwingverhalten auf. Die Modelle müssen dann iterativ nachbearbeitet und erneut vermessen werden. Ist die Nacharbeit nicht möglich, muss der Schwinger erneut berechnet und gefertigt werden. Je nach Erfahrung des Entwicklers, Neuheit und Komplexität des Schwingers kann unter Umständen viel Ausschuss entstehen, bis ein funktionstüchtiger Schwinger fertig ist. Ein fertiger, geprüfter Schwinger weist derzeit üblicherweise die Längsschwingungsform auf. Komplexere Schwingformen, wie Biege- oder Torsionsformen, werden selten berechnet oder verwendet.

Aufgrund der hohen Anzahl von Iterationsschleifen insbesondere in der Dimensionierung, abhängig von der angewendeten Methode, und durch Nacharbeit und Ausschuss in der gesamten Fertigung, ist die Herstellung sehr zeit-, entwicklungs- und ressourcenaufwändig.

2.4.1 Eindimensionale, analytisch-rechnerische Methoden (manuell)

One-dimensional, analytical-calculative methods (manual)

Bei eindimensionalen, analytisch-rechnerischen Methoden werden die Schwingeigenschaften einfacher, stabförmiger Schwingergeometrien manuell nach den grundlegenden Gleichungen der Schallausbreitung von Dehn-, Torsions- und Biegewellen in endlichen Festkörpern (Kapitel 2.2.1) oder nach erweiterten analytischen Ansätzen berechnet [KUTT88, MILL83]. Es lassen sich die Schwingerlänge, die Frequenz und ggf. die Knotenlage rotationssymmetrischer Grundmodelle von Längs- und Torsions- und Biegeschwingern berechnen. Diverse Autoren beschreiben dazu rechnerische Ansätze [ABRM98, KUTT88, STEP10, WATA96, ZHOU00a/b]. Die analytischen Methoden sind für eine überschlägige Berechnung von Basismodellen oder einfachen Startgeometrien von Schwingern oder für Kontrollrechnungen ausreichend genau. Die Grenzen dieser Methoden sind:

- Reale Schwingungszustände werden stark vereinfacht.
- Nebenfrequenzen werden nicht abgebildet.
- Eigenfrequenzen und -formen werden relativ ungenau bestimmt.
- Keine Eignung für komplexere Schwingergeometrien.
- Es können in die Berechnung keine Randbedingungen wie z.B. die Amplitudenverteilung an der Stirnfläche oder Abweichungen von der reinen Grundschwingungsform miteinbezogen werden.
- Es können nur stabförmige Schwingerformen berechnet werden.
- Die Berechnungsergebnisse sind nicht visualisierbar.

2.4.2 Eindimensionale Berechnungsverfahren (rechnergestützt)

One-dimensional calculation methods (computer aided)

Mit eindimensionalen Berechnungsverfahren lassen sich die longitudinalen Schwingeigenschaften einfacher rotationssymmetrischer Komponenten, die nur leicht von der Stabform abweichen, programmgestützt berechnen. Ein Beispiel hierfür ist das eindimensionale Berechnungstool „SonoCall“ [CLEM05]. Das Programm berechnet die Eigenfrequenzen, Knotenlagen, Materialspannungsspitzen und Verstärkungsfaktoren von rein longitudinalen Schwingungsmoden für benutzerdefinierte Bauteile. Dazu zerlegt es in einem ersten Schritt das über die Außenkontur definierte Bauteil in infinitesimal kleine Scheiben, reduziert die betrachteten Freiheitsgrade auf eine Dimension und löst die aus dem Kräftegleichgewicht an der Scheibe resultierende Differentialgleichung unter Annahme einer periodischen Elongation. In einem zweiten Schritt werden die Integrationskonstanten der jeweiligen Lösungen der einzelnen finiten Scheibenelemente so bestimmt, dass sie Stetigkeitseigenschaften und allgemeinen Randbedingungen genügen. Dabei kann neben der Berechnung der Eigenfrequenz auch eine gewünschte longitudinale Eigenfrequenz durch den Bediener des Programms vorgegeben werden, auf die das Bauteil durch eine automatisierte Anpassung ausgewählter Geometrieparameter abgestimmt wird. Vorteile dieses Programms liegen im einfachen und schnellen Modellaufbau, nur geringer notwendiger Vorkenntnisse beim Bediener und dem schnellen Abgleich von Bauteilgeometrie und Eigenfrequenz [SCHU08].

Ein weiteres Beispiel für ein eindimensionales Berechnungsverfahren ist das Programm „CARD" (computer-aided resonator design) des amerikanischen Unternehmens „Krell Engineering" in der Version 9.33 [CULP02], dessen Funktionsweise derjenigen von SonoCall gleicht.

Eindimensionale Berechnungsverfahren haben folgende Grenzen:

- Sie sind auf einfache, rotationssymmetrische Körper begrenzt.
- Durch die Eindimensionalität kann nur der Längsmode berechnet werden.
- Es sind keine Aussagen über transversale oder andere Eigenmoden möglich.
- Nebenfrequenzen müssen mit anderen Verfahren berechnet werden.
- Die Querkontraktion wird nicht berücksichtigt.
- Es ist keine Parametervorgabe des Transformationsverhältnisses möglich.
- Durch ein kompliziertes Formelwerk ist keine manuelle Berechnung möglich.
- Berechnete Schwingungsformen können nicht visualisiert werden.

2.4.3 Mehrdimensionale Berechnungsverfahren (rechnergestützt)

Multidimensional calculation methods (computer aided)

Mit einem mehrdimensionalen Berechnungsverfahren, z.B. der Finite-Elemente-Methode (FEM), sind Eigenfrequenzen und alle Schwingungsformen (longitudinale, transversale oder Mischformen) für jegliche, komplexe Schwingergeometrien berechenbar. Die FEM-Methode ist ein wichtiges und genaues Instrument zur Berechnung der Schwingeigenschaften von Ultraschallkomponenten. Die FEM-Simulation bietet verschiedene Analysearten für die unterschiedlichsten Berechnungsfälle. Bei der Auslegung von Schwingsystemen kommt hauptsächlich die Modalanalyse und ggf. zur Kontrolle eine harmonische Analyse zum Einsatz. Die Modalanalyse und die harmonische Analyse sind rechnergestützte Verfahren, die zur Charakterisierung des dynamischen Verhaltens schwingungsfähiger Systeme eingesetzt werden [REDD93]. Das dynamische Verhalten eines n-Massen-Schwingers lässt sich durch folgendes Differentialgleichungssystem 2. Ordnung mit den n x n-Systemmatrizen beschreiben:

$$[M]\cdot\left\{\ddot{x}\right\}+[C]\cdot\left\{\dot{x}\right\}+[K]\cdot\{x\}=\{F(t)\} \qquad \text{(Gl. 2-9)}$$

mit $[M]$ = Massenmatrix

$\left\{\ddot{x}\right\}$ = Beschleunigungsvektor aller diskreten Punkte

$[C]$ = Dämpfungsmatrix

$\{\dot{x}\}$ = Geschwindigkeitsvektor aller diskreten Punkte

$[K]$ = Gesamtsteifigkeitsmatrix

$\{x\}$ = Vektor der Verschiebungen und Verdrehungen aller diskreten Punkte

$\{F(t)\}$ = Vektor aller zeitabhängigen anregenden Kräfte und Momente

Im Folgenden wird das allgemeine Vorgehen in einer rechnerischen Modalanalyse bzw. zur Ergänzung in einer harmonischen Analyse erläutert.

Die Eigenschwingungsgrößen (modale Parameter) sind die Eigenfrequenzen und die Eigenformen. Eine numerische *Modalanalyse* mit der FEM läuft wie folgt ab:

- Modellbildung und Materialzuordnung
- Kontaktbereichsfindung und Kontaktartdefinition
- Randbedingungen und Analyseeinstellungen
- Vernetzung des Modells
- Lösung, Ergebnisdarstellung und -bewertung

Zunächst wird in einem 3D-CAD-Programm oder direkt im FEM-Programm ein Geometriemodell des zu berechnenden Schwingkörpers oder Schwingsystems erstellt. Im FEM-Programm werden zu den einzelnen Bauteilen die zugehörigen Materialkennwerte definiert. Bei der Modalanalyse ist die Definition der Dichte, des Elastizitätsmoduls und der Querkontraktionszahl notwendig. Es folgt die automatische Kontaktbereichsfindung, d.h. das FEM-Programm markiert bei einem 3D-Modell, welches aus mehreren Komponenten besteht, die Anbindungsstellen der Komponenten zueinander. Anschließend kann die Kontaktart definiert werden, z.B. ideal symmetrischer Verbund etc.. In weiteren Randbedingungen und Analyseeinstellungen kann das zu untersuchende Frequenzintervall und die Anzahl der zu identifizierenden Resonanzfrequenzen bzw. der zugehörigen Eigenformen eingestellt werden. Anschließend wird das 3D-Modell mit einem aus finiten Elementen bestehenden Netz versehen. Die Auswahl der Netzbedingungen wie Elementart, -größe etc. beeinflusst die Ergebnisgenauigkeit. Es kann z.B. zwischen Hexaeder- oder Tetraeder-Elementen gewählt werden. Je feiner das Netz, d.h. je geringer die Elementgröße und je höher die Anzahl an Elementen, desto genauer ist die Lösung. Danach erfolgt automatisch die Lösung des so erstellten FEM-Modells. Ergebnisse sind die Eigenfrequenzen, die Eigenmoden, die Lage und Anzahl der Schwingungsknoten und die Übersetzungsfaktoren. In der Ergebnisdarstellung werden zu jeder Eigenfrequenz die zugehörige Gesamtverformung des Bauteils bzw. die Verschiebungskomponenten in x-, y- und z-Richtung angezeigt. Daraus lässt sich direkt die Schwingungsform ableiten. Das Verformungsergebnis im jeweiligen Schwingungszustand ist in der bildnerischen Darstellung in einer FEM-Software stark überzeichnet, da die reale Verformung nur wenige Mikrometer beträgt, und kann lediglich zur Verhältnisbildung genutzt werden [ANSY12, REDD93].

Um eine Aussage über die reale Verformung bzw. Schwingungsamplitude zu erhalten, kann im Anschluss an eine Modalanalyse eine *harmonische Analyse* im FEM-Programm genutzt werden. Die harmonische Schwingungsanalyse beschreibt im Allgemeinen das Zerlegen einer periodischen Funktion in sinusförmige harmonische Glieder mittels Fouriertransformation und deren Darstellung als Amplitude und Phase über der Frequenz als sogenannte Amplituden- und Phasenspektren. In der FEM-Simulation dient die harmonische Schwingungsanalyse der Betrachtung der Reaktion eines virtuellen Bauteils auf Anregung durch eine zeitveränderliche periodische Kraft. Sind durch vorherige Berechnung mit Hilfe einer Modalanalyse die Eigenfrequenzen und Eigenschwingungen des Bauteils bereits bekannt, kann in der harmonischen Analyse ein bestimmter Frequenzbereich um diese Frequenzen herum gezielt durchfahren werden, um die Auslenkungen und Schwingungsformen bei Resonanz sichtbar zu machen. Es ist wichtig, dass das in der Modalanalyse verwendete Netz auch für die harmonische Analyse genutzt wird, um eine Vergleichbarkeit der Ergebnisse zu gewährleisten. Um eine harmonische Analyse durchzuführen, werden dem Geometriemodell die Materialkennwerte zugewiesen, sofern diese nicht schon aus der vorangegangenen Modalanalyse bekannt sind. Dann wird das Netz erzeugt und ggf. die Lagerung festgelegt. Die Randbedingungen werden definiert: Dazu gehört die Bestimmung des Frequenzintervalls, in dem die Analyse durchgeführt werden soll, und die Schrittweite in diesem Frequenzintervall. Im Anschluss daran werden eine periodische Kraft und ihr Angriffspunkt definiert. Dabei schwingen alle aufgebrachten Lasten, auch Temperaturfelder, sinusförmig mit der gleichen Frequenz und können lediglich in der Phase verändert werden. Auf Basis dieser Angaben werden die Auslenkungen des Bauteils bei gewählter periodischer Belastung berechnet. Die errechneten Ergebnisse werden in Form von Spannungen, Dehnungen oder Deformationen am Bauteil angezeigt. Darüber hinaus ist die Anzeige der Amplituden- und Phasendiagramme für ausgewählte Knoten, Flächen oder Kanten möglich [ANSY12, REDD93].

Durch die genaue mathematische Abbildung der beliebig geformten Komponenten ist eine gute Vorhersage des realen Schwingverhaltens mittels FEM möglich. Durch geschickte Modellbildung kann das Schwingverhalten mit hoher Reproduzierbarkeit simuliert werden. Allerdings kann die Methode sehr zeitintensiv werden, wenn abhängig von der Erfahrung des Konstrukteurs eine hohe Anzahl an Iterationsschleifen zur Anpassung des 3D-Modells an das erforderte Schwingverhalten notwendig wird. Positiv ist die schnelle und gute Visualisierbarkeit, die gängige Programme dem Entwickler bieten [AMIN95, SHIB06, IULA06, PARR01, CHEN09]. Die Grenzen sind hier:

- Brauchbare Berechnungsergebnisse hängen stark von der Genauigkeit des Modells ab.
- Um ein finales Berechnungsergebnis mit dem gewünschten Schwingverhalten zu erhalten, sind viele Iterationsschritte notwendig.
- Die Anschaffung von FEM-Simulationssoftware ist kostenintensiv.

- Hohe Vorkenntnisse des Programmbedieners (insbesondere bei der Modellbildung) sind notwendig.

Um die hohe Anzahl der Iterationsschritte, die der Entwickler manuell am Schwingermodell durchführen muss, zu verringern, wurde am Fraunhofer IPT durch [SCHU08] bereits eine erste Methode entwickelt. Diese verknüpft das FEM-Programm „Ansys" mit der mathematischen Software „Matlab" zur automatisierten Auslegung von Topfschleifscheiben zum ultraschallunterstützten Schleifen. Ausgehend von einem Basismodell des Schwingers werden die Geometrieparameter des Schwingers Länge, Durchmesser, Kontur ausgewählt und automatisch in definierten Schrittweiten und Grenzen variiert. Daraus entsteht eine Anzahl von Geometrievarianten, die automatisch ins FEM-Programm eingegeben und deren Schwingeigenschaften berechnet werden. In den Ergebnisdateien werden die Längsschwingungsformen automatisch selektiert. Grenzen der Methode sind:

- Sie ist beschränkt auf rein rotationssymmetrische Grundkörper.
- Sie ist begrenzt auf die spezielle Form der Topfschleifscheiben zum ultraschallunterstützten Schleifen.
- Es werden ausschließlich die Längsschwingungsform und nur eine Arbeitsfrequenz betrachtet.
- Es ist keine Auslegung mehrerer Teilkomponenten, die gekoppelt sind, möglich.
- Es ist nur eine Funktion zur Erstellung und Berechnung von Geometrievarianten vorhanden, jedoch keine Funktion zur automatischen Geometrieoptimierung.

Der Ansatz von [SCHU08] ist trotz der Beschränkungen allerdings eine gute Basis für die Entwicklung der hier in dieser Arbeit erläuterten Auslegungsmethode zur automatisierten Schwingeroptimierung.

2.5 Superfinishing und Potenziale einer Ultraschallunterstützung

Superfinishing and potentials of an ultrasonic assistance

Das Superfinishing oder Kurzhubhonen gehört zu den spanenden Feinbearbeitungsverfahren mit geometrisch unbestimmten Schneiden und gebundenem Korn [KLOC05]. Es wird im Anschluss an eine vorhergehende Feinbearbeitung (z.B. Schleifen) von metallischen, keramischen und beschichteten Oberflächen sowie Kunststoffoberflächen angewandt, z.B. als Endbearbeitungsverfahren in der Automobilindustrie, der Automobilzulieferindustrie, der Wälzlagerindustrie, der Präzisionsindustrie, der Medizintechnik etc.. In der Automobilindustrie wird das Superfinishing als Endbearbeitungsverfahren für Nockenwellen, Getriebewellen, Kurbelwellen etc. eingesetzt. Somit besitzt weltweit jedes Automobil mindestens drei Komponenten, die in der Herstellung gefinisht wurden [SCHI01]. Durch die Einebnung der Rauheitsspitzen bei der Superfinishbearbeitung wird die Oberflächenrauheit des Werkstücks verringert. Es entsteht eine plateauartige Oberfläche (Bild 2-13, rechts) mit Rautiefen Rz von 0,015 µm bis 2 µm, die verbesserte tribologischen Oberflächeneigenschaften besitzt, wie eine höhere Verschleißfestigkeit durch Notlaufeigenschaften. Darüber hinaus können Maß- und Formparameter, wie Rundheit, Geradheit, Ebenheit und Zylindrizität optimiert werden [SCHI01].

Beim Superfinishverfahren wird das Werkzeug (Stein- oder Bandwerkzeug) unter starkem Kühlschmierstoffstrom mit einem definierten, konstanten Druck flächig an die Werkstückoberfläche gepresst. Die Bewegung zwischen Werkzeug und Werkstück setzt sich aus der sinusförmig oszillierenden, axialen Vorschubgeschwindigkeit des Werkzeugs und der konstanten, tangentialen Vorschubgeschwindigkeit des rotierenden zylindrischen Werkstücks zusammen. Alle im Eingriff befindlichen Schleifkörner erzeugen durch Überlagerung der einzelnen Sinuslinien Bearbeitungsspuren, die sich unter einem bestimmten Winkel kreuzen. Dadurch werden z.B. Notlaufeigenschaften des Werkstücks beeinflusst [SCHI01].

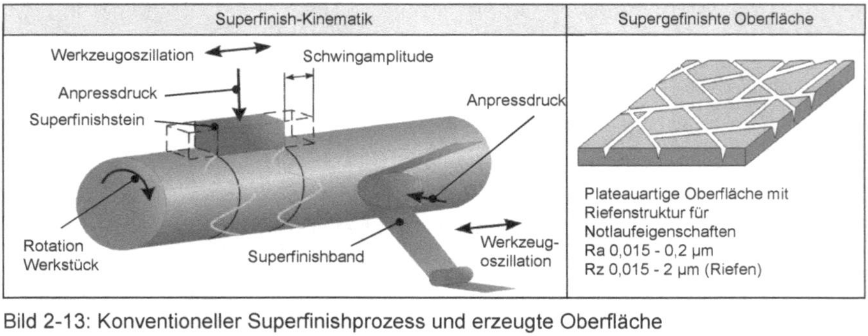

Bild 2-13: Konventioneller Superfinishprozess und erzeugte Oberfläche

Conventional superfinish process and generated surface

Je nach Werkstückgeometrie werden Einstech-, Durchlauf-, Laufbahn-, und Kreuzschliffbearbeitung unterschieden. Steinwerkzeuge werden bei allen vier Verfahren eingesetzt, Bandwerkzeuge nur beim Einstechverfahren. Das Einstechverfahren kommt bei zylindrischen Oberflächen, z.B. bei Lager- und Dichtsitzen von Kurbelwellen, Getriebewellen, Nockenwellen, Walzen etc., zum Einsatz. Mit dem Durchlaufverfahren werden Massenteile wie Wälzkörper für Wälzlager, Kolbenbolzen, Kolbenstangen, Stifte etc. endbearbeitet. Die Laufbahnbearbeitung wird so zur Endbearbeitung von Laufbahnen an Kugellagerinnen- und -außenringen mit geraden, konkaven und konvexen Flächen verwendet [SCHI01].

Superfinishsteine bestehen aus gebundenen Körnern, die mit Poren durchsetzt sind. Zu den gebräuchlichsten Kornwerkstoffen zählen Aluminiumoxid und Siliziumcarbid, zu den hochharten das kubische Bornitrid und der Diamant. Die Bindung ist überwiegend keramisch, gelegentlich auch metallisch oder aus Kunstharz. Superfinishbänder bestehen aus auf Polyesterfolienunterlagen kunstharzgebundenen Körnern aus Aluminiumoxid, Siliziumcarbid oder Diamant. Gegenüber der Steintechnologie zeichnet sich die Bandtechnologie dadurch aus, dass durch die Bandweiterförderung nach Beenden eines Bearbeitungszyklus die Ergebnisse sehr gut reproduzierbar sind. [ATLA12, SCHI01]. Superfinishsteine sind in einem Steinhalter, Superfinishbänder in einem entsprechend geformten Werkzeugträger befestigt und werden pneumatisch, hydraulisch oder mechanisch an das Werkstück gepresst. Sie sind entweder in kleinen Superfinishanbaugeräten oder in Superfinishmaschinen eingebaut. Die Anbaugeräte an konventionelle Werkzeugmaschinen sind für kleine Stückzahlen oder große Werkstücke, Superfinishanlagen für Großserien [SCHI01].

Der konventionelle Superfinishprozess hat sich etabliert und eine breite Anwendung gefunden. Jedoch konnten folgende Probleme identifiziert werden [FROM92, JOUR05, BRUH06, TAWA10]:

- Es tritt hoher Werkzeugverschleiß bei sehr geringen Abtragsraten auf.
- Sprödharte Materialien sind schwierig zu bearbeiten.
- Das Steinwerkzeug setzt sich schnell zu.
- Die Möglichkeiten zur Erzeugung neuer Oberflächenstrukturen z.B. für bessere Notlaufeigenschaften sind begrenzt.
- Meist Bedarf an einem zusätzlichen Bearbeitungsschritt vor dem Superfinishing, um das abzutragende Aufmaß auf max. 5 µm zu reduzieren.

Wenn die konventionelle Superfinishkinematik mit einer überlagerten Ultraschallschwingung zu einem Hybridprozess erweitert wird, können höhere Abtragsraten bei niedrigem Werkzeugverschleiß erreicht werden, ähnlich wie beim ultraschallunterstützten Schleifprozess. So könnten die Probleme des konventionellen Superfinishprozesses verringert werden [DAUS04, SCHM02, LITT01, KAIN79]:

- Durch Mikrorissinduzierung aufgrund der Mikrostoßvorgänge könnten sprödharte Materialien besser bearbeitet sowie die Abtragsrate erhöht werden.
- In der Prozesszone würden sich günstigere Spülbedingungen einstellen, was die Zu- und Abfuhr des Kühlschmierstoffs erleichtert. Dadurch könnte eine schnelle Zusetzung des Steinwerkzeugs vermieden werden.

- Das Werkzeug tritt mit der Werkstückoberfläche diskontinuierlich in Kontakt. Somit könnten Reibung und Verschleiß am Werkzeug reduziert werden.
- Neue, funktionale Oberflächenstrukturen z.B. für bessere Notlaufeigenschaften als bisherige Struktur könnten erzeugt werden.

2.6 Potentiale und Grenzen des ultraschallunterstützten Drehens

Potentials and limitations of ultrasonic assisted turning

Der Drehprozess gehört zu den spanenden Fertigungsverfahren mit definierter Schneide zur Bearbeitung von Metallen und Kunststoffen. Das Werkstück führt die Hauptschnittbewegung mit der Rotation aus. Das fest eingespannte Werkzeug, der Drehmeißel, wird am drehenden Werkstück mit Hilfe des Werkzeugschlittens translatorisch geführt, um einen Span abzuheben; es führt die Zustell- und Vorschubbewegung aus. Es ist meist eine Wendeschneidplatte aus beschichtetem Hartmetall, Keramik oder cBN. In der Ultrapräzisionsbearbeitung wird der konventionelle Drehprozess mit monokristallinen Diamantwerkzeugen zur Herstellung von hochpräzisen optischen Oberflächen angewandt. Diese optischen Oberflächen werden z.B. direkt als Optiken verwendet oder aber als Abformwerkzeuge zur Herstellung von Kunststoff/-Glasoptiken, TFT/LCD-Displays und Backlightsystemen. Eine Erweiterung des Ultrapräzisionsdrehprozesses ist die Überlagerung einer zusätzlichen Werkzeugbewegung normal zum Werkstück. In sogenannten Slow-Tool-Systemen wird dem Werkzeug eine definierte Zustellung normal zum Werkstück so vorgegeben, dass eine Freiformfläche auf dem Werkstück erzeugt werden kann [HÜNT10, GREW06]. Bild 2-14 zeigt einige Beispiele aus der Optikindustrie und deren Herstellungsprozess. Zur Herstellung von Kunststoffoptiken z.B. werden zunächst Abformwerkzeuge als Negativformen für die spätere Replikation von Optiken hergestellt. Die Abformwerkzeuge müssen eine optische Oberfläche aufweisen und werden deshalb z.B. in einem Ultrapräzisionsdrehprozess mit hochpräzisen monokristallinen Diamantwerkzeugen gefertigt [HÜNT10].

Die verwendeten Materialien für Abformwerkzeuge sind z.B. Kupfer, Messing, Aluminium, vernickelter Stahl oder Neusilber. Die Nichteisenmetalle als Grundmaterial zur Herstellung einer optischen Oberfläche lassen sich zwar sehr gut mit hochpräzisen Diamantwerkzeugen bearbeiten, ohne dass der teure Diamant stark verschleißt. Jedoch weist ein Abformwerkzeug aus diesen Materialien nicht die Robustheit und hohe Standzeit auf, die ein Abformwerkzeug aus Stahl hat. Dieser muss ebenfalls zur Erzeugung von hochpräzisen optischen Oberflächen mit einem scharfen Diamantwerkzeug bearbeitet werden [HÜNT10].

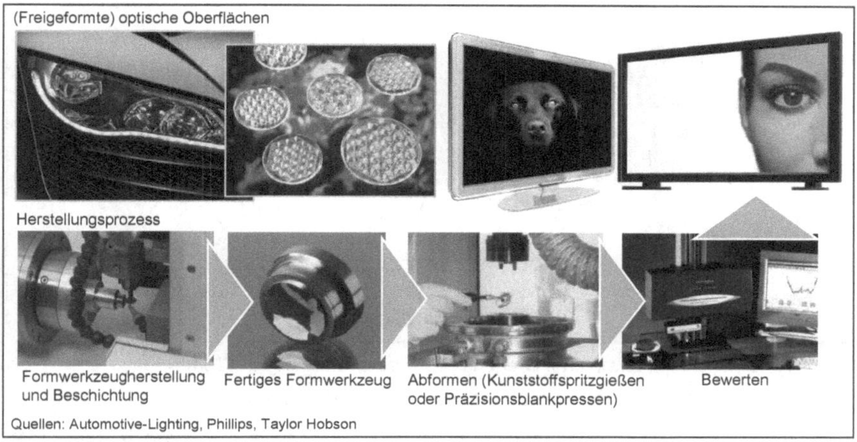

Bild 2-14: Beispielbauteile aus der Optik und deren Herstellungsprozess
Optical sample work pieces and their manufacturing process

Kommt jedoch ein Diamantwerkzeug mit der Stahloberfläche in Kontakt, verschleißt das Diamantwerkzeug sehr schnell und verliert seine präzise Schneidfähigkeit. Der schnelle Verschleiß des Diamants in Stahlkontakt wird „Graphitisierung" genannt, die beim Überschreiten einer bestimmten Grenztemperatur auftritt. Der Kohlenstoff wandelt sich in der Kontaktzone mit zunehmender Temperatur zwischen Werkzeug und Werkstück in Graphit um. Die hohe Affinität des Eisens zum Kohlenstoff des Diamanten lässt diesen aus dem Diamanten in den Stahl diffundieren. Die Folge ist ein schnelles Verschleißen der Schneidkante, was zu ungenauen Bearbeitungsergebnissen und hohen Werkzeugkosten führt [BRIN01, XLIU03]. Um diesem Effekt entgegenzuwirken, werden die Stahloberflächen in einem vorhergehenden Prozess häufig mit einer Nickelphosphorbeschichtung versehen.

Der ultraschallunterstützte Drehprozess wirkt den Nachteilen des konventionellen Ultrapräzisionsdrehprozesses mit Diamantwerkzeugen entgegen. Dabei wird der Drehmeißel zu Ultraschallschwingungen tangential zur Rotationsachse des Werkstücks in Schnittrichtung angeregt. Es werden dazu derzeit meist Ultraschallsysteme eingesetzt, die eine stehende Longitudinalwelle mit Schwingfrequenzen von 40 kHz bis 80 kHz und Schwingungsamplituden von 1 µm bis 3 µm erzeugen. Bild 2-15 zeigt ein Längsschwingersystem zum ultraschallunterstützten Drehen und die Kinematik im Prozess [KLOC08]. Mit der Überlagerung der Schwingbewegung des Werkzeugs kommt es zu einer hochfrequenten Unterbrechung des Schnitts. Dadurch werden die Prozesskräfte reduziert. Es wird möglich, Stahlwerkstücke mit einen Diamantwerkzeug zu bearbeiten, da Diffusionsvorgänge verlangsamt werden. Auch die Werkzeugstandzeit wird verlängert, da die thermische Belastung einerseits durch die geringere Kontaktzeit und andererseits durch die verbesserte Spülung in der Kontaktzone reduziert wird [KLOC08, BULL08, MARK66].

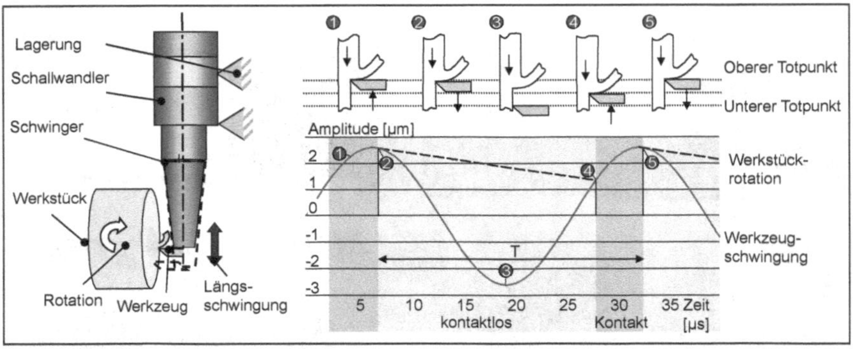

Bild 2-15: Ultraschallunterstütztes Drehen mit Längsschwinger [KLOC08]

Ultrasonic assisted turning with longitudinal oscillator [KLOC08]

Das Ultraschalldrehen mit Diamantwerkzeugen auf Stahlwerkstücken mittels Ultraschalllängsschwinger (longitudinal) wurde schon vielfach untersucht. Beispielsweise wurde in [KLOC08] der Einfluss der Werkzeugschwingfrequenz bei der Drehbearbeitung von Stahl mit Diamantwerkzeugen untersucht. Dazu wurden Versuche an X42Cr13-Stahlzylindern mit 22 mm Durchmesser und verschiedenen Härten HRC von 35, 40, 45 und 53 durchgeführt und Ultraschallfrequenzen von 40 kHz und 60 kHz angelegt. Es wurden Amplituden von 2,4 µm bei 40 kHz und von 1,6 µm bei 60 kHz erreicht. Die Versuche zeigten eine Stabilisierung des Prozesses bei 60 kHz. Die erreichbare Rauheit Ra lag hier konstant unter 10 nm, unabhängig von der Materialhärte und Vorschubrate.

In Anlehnung an die in [KLOC08] beschriebenen Versuche wurde in [BULL10] untersucht, ob es mit ultraschallunterstützter Drehbearbeitung möglich ist, Stahlformen für die Optikfertigung herzustellen. Mit einem Längsschwingersystem, dessen Resonanzfrequenz bei 80 kHz liegt, wurden eine konkave, eine konvexe und eine sphärische Form in den X42Cr13-Stahl mit einer Härte von 53 HRC gefertigt. Es wurden Schwingungsamplituden kleiner 5 µm verwendet. Es konnten bei der Fertigung der konkaven Linse mit einem Radius von 8,8 mm und Blendendurchmesser von 8 mm (Bearbeitungsradius 4 mm) eine Rauheit Ra von 4,2 nm und eine Formgenauigkeit von 150 nm erreicht werden. Auch bei der Fertigung der konvexen Linse mit r = 6,5 mm und Blendendurchmesser von 10 mm wurde eine Formgenauigkeit kleiner 210 nm sowie eine Rauheit Ra von 10 nm erreicht. Bei darauf basierenden Versuchen wurde in [BULL12] ebenfalls mit einem 80 kHz-Längsschwingersystem unterschiedliche Materialien mit monokristallinen Diamantwerkzeugen bearbeitet. Dabei konnten z.B. bei Stavax ESU (Elektro Schlacke Umgeschmolzen, X42Cr13) mit 53 HRC Ra-Werte von 3 nm bis 4 nm erreicht werden.

In [XLIU03] werden ultraschallunterstützte Drehversuche beschrieben, die mit einer Schwingfrequenz von 40 kHz in X20Cr13-Stahl mit 40 - 45 HRC durchgeführt wurden. Das resonante System besaß eine einstellbare, longitudinale

Schwingamplitude von 2 µm bis 24 µm. Ziel der Arbeit war es, Spiegeloberflächen auf Stahl herzustellen. Dabei konnte mit den jeweils geringsten eingestellten Parametern der Schnittgeschwindigkeit von 5 m/min, einer 2 µm großen Schwingamplitude, einer Zustellung von 6 µm und einer Vorschubrate von 10 µm/U auf oben genanntem Stahl eine Rauheit Ra von 8 nm erreicht werden.

Trotz der Vorteile des ultraschallunterstützten Drehens mit Längsschwingersystemen gegenüber dem konventionellen Drehprozess, insbesondere bei der Bearbeitung von Stahlwerkstücken mit Diamantwerkzeugen, ist die Flexibilität stark begrenzt. Dies liegt hauptsächlich an dem Aufbau des Längsschwingersystems, der Werkzeuganbindung und der Schwingrichtung. Schallwandler und Schwingerwerkzeug sind koaxial, um eine axiale Schwingung zu erzeugen. Die dadurch bedingte Stellung Schwingsystem - Werkstück zueinander ist sehr eng. Die Werkzeugspitze ragt nur wenig über die Systemachse hinaus, damit der reine Längsmode möglichst nicht durch Asymmetrie beeinträchtigt wird. Die Bearbeitung von einfachen, planaren oder konvexen, zylindrischen Werkstücken ist damit möglich, nicht aber die von komplexen zylindrischen oder konkaven Werkstücken mit Freiformflächen, z.B. Abformwerkzeuge für Kunststoffoptiken etc.. Die Zugänglichkeit des Werkzeugs zum Werkstück ist begrenzt. Bild 2-16 zeigt die Möglichkeiten und Grenzen eines Ultraschallsystems mit einem Längsschwinger in der Zugänglichkeit zum Werkstück.

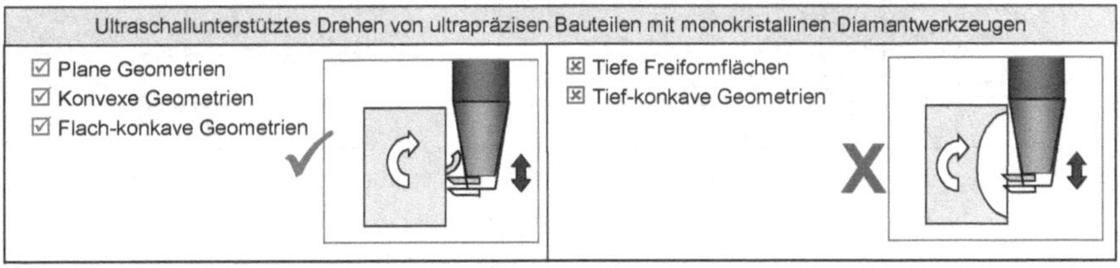

Bild 2-16: Grenzen des ultraschallunterstützten Drehens mit Längsschwingersystemen

Limitations of ultrasonic assisted turning with longitudinal systems

In der Forschung wird der konventionelle Drehprozess nicht nur mit Ultraschalllängsschwingern unterstützt. Es wurden auch Schwingsysteme zur Erzeugung einer elliptischen Werkzeugbahn entwickelt. Hierbei wird der Längsschwingung eine phasenversetzte Biegeschwingung überlagert. Der Vorteil liegt hier in der längeren Kontaktunterbrechung und somit im noch weiter verringerten Werkzeugverschleiß [ZHAN02, SHAM95]. Im Folgenden werden einige dieser Entwicklungen dargestellt.

Um mit einem monokristallinen Diamantwerkzeug Spiegeloberflächen auf Gesenkstahl mit 40 und 54 HRC mit einer Oberflächenrauheit von Rz = 150 nm zu erzeugen, wurde in [SHAM05] ein elliptisch schwingendes Ultraschallsystem mit der Arbeitsfrequenz 34,4 kHz entwickelt (Bild 2-17, links). Das System besteht aus einem Schwingkörper, an den seitlich Piezoelemente angebracht sind. Die Piezoelemente regen den Schwingkörper in einem Längsmode und einem überlagerten Biegemode in der gleichen Frequenz an. Die Piezoelemente zur Anregung des Biegemodes haben je eine Phasenverschiebung von 180°. Mit dem System wird eine elliptische Schwingung in drei Raumrichtungen erzeugt. Die Auslenkungen in der Bearbeitungsebene betragen 30 µm und von der Bearbeitungsfläche weg 24 µm.

In [SHAM99, SUZU03] wird ein elliptisch schwingendes, resonantes Ultraschallsystem beschrieben (Bild 2-17, rechts). Mit diesem System soll die Drehbearbeitung von Stählen insbesondere an korrosionsbeständigen X30Cr13 und X105CrMo17 mit einer Härte von 39 und 61 HRC ermöglicht werden. Um die Sonotrode elliptisch schwingen zu lassen, wurden Piezos um 90° versetzt an der Seite einer Sonotrode angebracht. Die Piezos wurden bei einer Resonanzfrequenz von 21,4 kHz mit einer Phasenverschiebung angeregt, wodurch das System elliptisch schwingt. Die erreichbaren Amplituden liegen bei 4,25 µm. Durch die elliptische Vibration konnten die Schnittkräfte gesenkt und der Schneidweg ohne Qualitätsverlust im Vergleich zum konventionellen Drehen von 300 auf 2.250 m verlängert werden. Die minimal erreichbare Rauheit Rz lag bei einer Vorschubrate von 5 µm/U bei 25 nm.

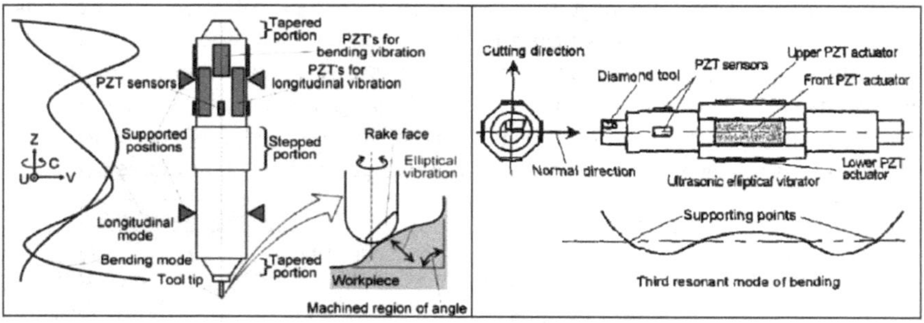

Bild 2-17: Systeme [SHAM05], links, und [SHAM99], rechts, für elliptisches Ultraschalldrehen

Systems of [SHAM05], left, and [SHAM99], right, for elliptic ultrasonic turning

Trotz der Vorteile der ultraschallunterstützten Drehbearbeitung mit elliptisch schwingenden Diamantwerkzeugen zeigen sich folgende Grenzen:

- Bisher sind nur Laborsysteme mit Schwingfrequenzen von bis zu 40 kHz verfügbar. Höhere Frequenzen wie bei Längsschwingersystemen, die aufgrund der verbesserten Oberflächengüte und der kürzeren Bearbeitungszeit mit bis zu 80 kHz arbeiten, wurden nicht erreicht.
- Eine elliptische Werkzeugbahn ist nicht notwendig, um den Kontakt zwischen Werkzeug und Werkstück zu unterbrechen
- Die Anregung des Werkzeugs zu elliptischen Schwingbewegungen erfordert eine komplexe und erfahrungsbasierte doppelmodige Auslegung der Sonotrode.
- Die Anregung eines Doppelmodes in der Sonotrode benötigt komplizierte, phasenversetzte Piezosysteme, hohen Steuerungsaufwand und erhebliche Systemkosten.

2.7 Bewertung des Stands der Technik

Evaluation of state of the art

Die Ultraschalltechnologie ist bereits in vielen Bereichen wie der Materialprüfung, der Medizintechnik, der spanenden Fertigungs- und der Fügetechnik vertreten. Die Unterscheidung zwischen aktiven und passiven Ultraschallsystemen bezieht sich auf die Nutzung der Ultraschallenergie. Für die Anwendungen aktiver Ultraschallsysteme in der Medizintechnik, in der Fügetechnik und bei der Unterstützung spanender Fertigungsverfahren ist die Wirkung der Schwingungsenergie des Ultraschalls auf ein Material für die Verrichtung und Verbesserung der Arbeitsprozesse entscheidend.

Ultraschallunterstützte, spanende Fertigungsverfahren haben hohe technologische Potenziale, da die Überlagerung der konventionellen Prozesskinematik mit einer Ultraschallschwingung des Werkzeugs zu neuen, verbesserten Abtragsverhalten und Eingriffsverhältnissen führt. Die Oszillation des Werkzeugs ist dabei eine Festkörper-Resonanzschwingung, die mit einem meist longitudinal schwingenden Ultraschallsystem erzeugt wird. Die Ultraschallunterstützung wird bisher jedoch erst bei einigen spanenden Fertigungsverfahren eingesetzt wie z.B. beim Schleifen, Schneiden und Läppen.

Ein weiteres konventionelles Fertigungsverfahren, bei dem eine Ultraschallunterstützung bei einigen Werkstoffen Vorteile bringt, ist das Ultrapräzisionsdrehen mit Diamantwerkzeugen. Stahl und sprödharte Materialien wie Glas können mit Diamantwerkzeugen bei viel geringerem Werkzeugverschleiß bearbeitet werden, sobald das Werkzeug mit Ultraschall schwingt, da die Kontaktzeit in der Prozesszone verringert wird. Dennoch haben auch die longitudinalen Ultraschallsysteme zur Unterstützung des Diamantdrehprozesses Grenzen: Aufgrund der Bauweise und Schwingrichtung der Schwingsysteme ist die Zugänglichkeit zur Bearbeitung von komplexen Werkstücken, z.B. stark konkaven Werkstücken oder Freiformflächen für Optikanwendungen, stark eingeschränkt. In Laboruntersuchungen wurden bereits neben rein longitudinal schwingenden Ultraschallsystemen auch elliptisch schwingende Systeme entwickelt. Hierbei werden zwei unterschiedliche Schwingungsmoden überlagert. So wird ebenfalls die Standzeit des Diamantwerkzeugs durch eine Eingriffszeitreduktion erhöht.

Weiterhin gibt es auch spanende Fertigungsverfahren, bei denen eine Ultraschallunterstützung ein hohes Potenzial hätte, z.B. das Superfinishing. Dieses Endbearbeitungsverfahren erreicht konventionell technologische Grenzen. Eine Überlagerung mit einer Zusatzenergie wie dem Ultraschall würde auch hier das Prozessfenster erweitern.

Allerdings sind industrielle Werkzeugmaschinen mit integrierten, adaptiven Ultraschallsystemen für solche Fertigungsverfahren noch selten oder nicht am Markt vertreten. Der Grund für den beschränkten industriellen Einsatz und die begrenzte Vielfalt an Ultraschallsystemen zur Unterstützung von spanenden Fertigungsverfahren ist die zeit-, ressourcen- und entwicklungsaufwändige Auslegung der Schwingsysteme: Es sind derzeit noch erhebliche Erfahrung und Expertise notwendig. Die bisherigen Methoden zur Auslegung von Schwingsystemen sind nur für rotationssymmetrische Einzelkomponenten der Systeme mit longitudinalem Schwingungsmodus hinreichend genau. Es fehlen Kenntnisse und Strategien für die schwingungstechnische Auslegung von komplexen Komponenten bzw. mehrteilige Systembauteile von Ultraschallsystemen, mit denen nicht nur eine longitudinale Resonanzschwingung, sondern auch andere Schwingungsformen erzeugt werden können. Da die Zusammenhänge zwischen wichtigen Einflussgrößen bei der Auslegung von Schwingsystemen nicht hinreichend erforscht sind, bedeutet eine Änderung von Randbedingungen eine zeitaufwändige Neuentwicklung. Darüber hinaus kann es, abhängig von Erfahrung des Entwicklers, der Genauigkeit der verwendeten Auslegungsmethode und der Geometriekomplexität des Schwingers, zu kostenintensivem Ausschuss kommen, da ein strukturiertes Vorgehen zur Auslegung eines Schwingsystems fehlt. Dies führt dazu, dass bisher nur einige spanende Fertigungsverfahren mit Ultraschall unterstützt werden.

Z.B. gibt es für die bisher entwickelten elliptisch schwingenden Systeme zum Ultraschalldrehen keine solche einheitliche Auslegungsstrategie. Die bisher verwendeten Schwingfrequenzen liegen unter denjenigen, die bei Längsschwingersystemen für den Drehprozess als optimal angesehenen werden. Die für die Bearbeitung von komplexeren Werkstücken notwendige Zugänglichkeit ist auch bei den elliptischen Schwingern nicht gegeben. Darüber hinaus sind die Systeme durch die aufwändige zweiphasig-parallele Piezotechnologie teuer und komplex. Daher haben diese Systeme ihren Weg in die industrielle Anwendung noch nicht gefunden. Ein einfaches Biegeschwingsystem würde dies wesentlich erleichtern.

Ähnlich verhält es sich bei dem Ultraschallsuperfinishing. Trotz hoher Potenziale eines solchen überlagerten Prozesses wurde bisher noch kein System zum Ultraschallsuperfinishing konstruiert, berechnet und getestet. Auch hier liegt die Herausforderung in der Entwicklung komplexerer Ultraschallschwingsysteme.

Daher würde eine Methode für ein strukturiertes Vorgehen in der Auslegung die Entwicklung von neuartigen Schwingsystemen für ultraschallunterstützte, spanende Fertigungsverfahren vereinfachen und wesentlich verkürzen.

3 Aufgabenstellung und Zielsetzung

Task definition and objective

Am Ende des Kapitels „Stand der Technik“ sind die Defizite beschrieben, die bisher noch die Anwendung der aktiven Ultraschalltechnologie in der Zerspanungstechnik, der Fügetechnik, der Medizintechnik etc. beeinträchtigen. Ursachen dieser Defizite sind insbesondere unzureichende Methoden zur Auslegung von komplexen Schwingsystemen, die zu einer zeit- und ressourcenaufwändigen Entwicklung führen. Aus den Defiziten bzw. dem Forschungsbedarf ergibt sich die Forschungsfrage, wie komplexe Ultraschallwerkzeuge und -systeme für neue und erweiterte Anwendungen effizient ausgelegt werden können. Die These ist, dass dazu die Kenntnis von wichtigen Wirkzusammenhängen und die Anwendung eines einheitlichen methodischen Vorgehens unter Verwendung eines Optimierungsprogramms notwendig sind.

Daher ist die Zielsetzung der vorliegenden Arbeit die Entwicklung einer effizienten Methode zur konstruktiven, simulativen und messtechnischen Auslegung von komplexen Schwingerwerkzeugen zur spanenden Bearbeitung mit Ultraschall, die am Beispiel von Schwingern und prototypischen Systemen für die ausgewählten Referenzprozesse Ultraschallsuperfinishing mit Längsschwingern und Ultraschalldrehen mit Biegeschwingern verifiziert wird. Die Methode soll daher nicht nur für longitudinale sondern auch für transversale Ultraschallschwingsysteme für die spanende Bearbeitung anwendbar sein. Wichtige Einflussgrößen auf ein Schwingsystem und die Grundzusammenhänge werden herausgestellt und einbezogen. Ein besonderer Schwerpunkt der Arbeit liegt auf der Darstellung eines zeitsparenden, neuartigen Programms zur automatisierten Berechnung und Optimierung von Schwingergeometrien.

Als erster Referenzprozess wird das Ultraschallsuperfinishing gewählt. Dieses ist, trotz hoher Potentiale, bisher unerforscht; ein Prototyp zum Testen des Prozesses ist nicht vorhanden. Er soll hier erarbeitet werden. Auch der zweite Referenzprozess, das Ultraschalldrehen, verfügt derzeit nicht über geeignete Systeme zur Bearbeitung komplexerer Werkstücke. Daher soll der Prototyp zum ultraschallunterstützten Drehen keine Längsschwinger enthalten, sondern einen auskragenden Biegeschwinger für eine bessere Zugänglichkeit bei komplexen Werkstückgeometrien. Dieser soll bei Frequenzen von z.B. 60 kHz schwingen, was aktuelle elliptische Schwinger nicht können. Das Gesamtschwingsystem soll im Gegensatz zu bisherigen elliptischen Ansätzen eine einfache Schwingform haben und kostengünstig aufgebaut sein. Es soll auch von Nichtspezialisten bedient werden können, so dass die industrielle Nutzbarkeit erleichtert wird.

Bild 3-1 gibt das Vorgehen in der vorliegenden Arbeit wieder. Im Kapitel 4 wird die entwickelte Methode zur Werkzeugauslegung für die gewählten Ultraschallreferenzprozesse zunächst allgemein erarbeitet. Dies enthält die Darlegung der Vorgehensweise bzw. der Instrumente zur Modellbildung einerseits und zur Modellvalidierung andererseits. In der Modellbildung werden zunächst die Generierung von Basismodellen für Schwinger und die Ermittlung von relevanten Materialparametern für die Schwingerauslegung beschrieben. Als Kernstück der Modellbildung wird die Funktion des Programms zur automatisierten Berechnung und Optimierung von Schwingergeometrien beschrieben. Dazu wird eine mathematische Software mit einer Strukturberechnungssoftware verknüpft. In der Modellvalidierung werden effiziente Messmethoden zur Bestimmung des Schwingungsverhaltens von Ultraschallschwingern und -systemen erläutert.

Die im Kapitel 4 dargestellte Methode wird im Kapitel 5 anhand der Auslegung von Ultraschallwerkzeugen zum Ultraschallsuperfinishing angewendet. Hierbei werden zunächst die Anforderungen an solche Werkzeuge zusammengestellt, anschließend Basismodelle entwickelt und das Schwinghalten modelliert. Nach Fertigung der Schwingerwerkzeuge werden diese auf geeigneten Prüfständen messtechnisch validiert. Anschließend wird die Auslegungsmethode bewertet. Im Kapitel 6 wird die Anwendung der Methode auf die Entwicklung von Transversal-Biegeschwingern für den zweiten Referenzprozess des Ultraschalldrehens beschrieben. Es werden die Anforderungen definiert, Basismodelle entwickelt und das Schwinghalten modelliert. Nach Fertigung der Schwingermodelle werden diese messtechnisch untersucht. Die Ergebnisse der messtechnischen Untersuchungen werden mit der Modellbildung abgeglichen und die Methode bewertet.

Schließlich stehen Längsschwinger zum Ultraschallsuperfinishing und Biegeschwinger zum Ultraschalldrehen zur Verfügung, die in prototypische Hybridsysteme für diese Ultraschallreferenzprozesse integriert werden. Deren Aufbau, Funktionsweise, Einbindung ins Maschinensystem, Funktionsprüfungen sowie erste Bearbeitungsversuche werden im Kapitel 7 behandelt.

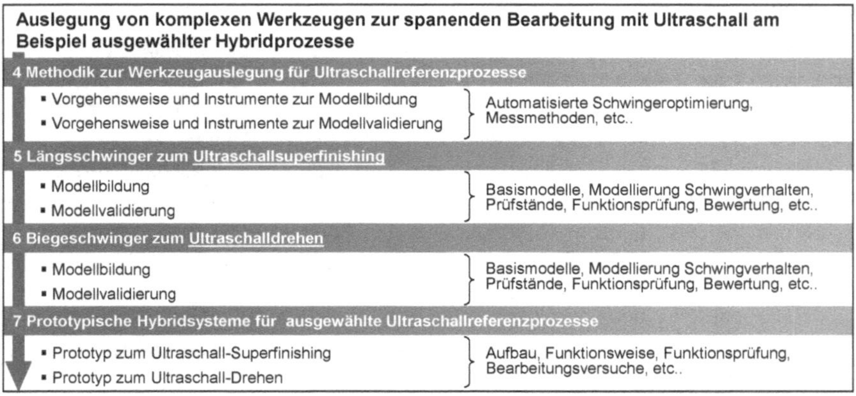

Bild 3-1: Vorgehen in der Gesamtarbeit

Overall proceeding

4 Methode zur Werkzeugauslegung für Ultraschall-referenzprozesse

Method for oscillator tool design for ultrasonic reference processes

In diesem Kapitel wird eine durchgängige und einheitliche Methode bzw. Strategie zur Auslegung von Ultraschallwerkzeugen für ultraschallunterstützte Zerspanprozesse beschrieben. Der Fokus der Methode liegt auf den genannten Referenzprozessen Ultraschallsuperfinishing und -drehen mit komplexen Werkzeugen. Das Vorgehen in der Methode kann aber ebenso auf die Auslegung von vergleichbaren Ultraschallschwingern in der spanenden Bearbeitung, in der Fügetechnik oder der Medizintechnik etc. übertragen werden. Bild 4-1 zeigt im Überblick das Vorgehen zur Werkzeugauslegung, unterteilt in Modellbildung und -validierung.

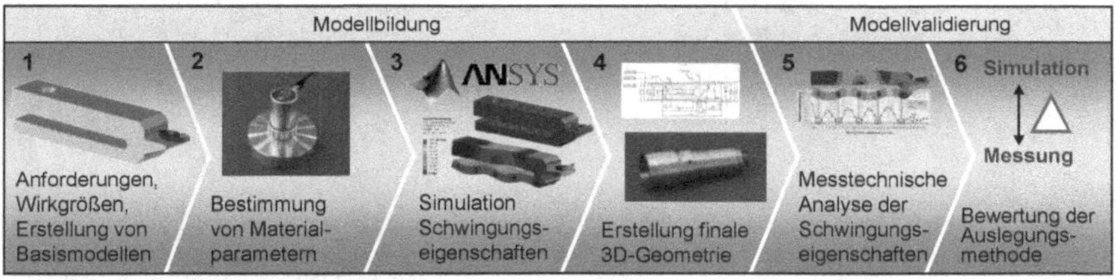

Bild 4-1: Vorgehensweise zur Werkzeugauslegung für Ultraschallreferenzprozesse
Proceeding of tool design for ultrasonic assisted reference processes

4.1 Vorgehensweise und Instrumente für die Modellbildung

Proceeding and instruments for model generation

Im Bild 4-1, Punkt 1 bis 4 ist die in dieser Arbeit angewandte Vorgehensweise zur Modellbildung von Ultraschallwerkzeugen dargestellt. Zunächst werden aus den Wirkgrößen auf ein Ultraschallsystem die Anforderungen identifiziert und sogenannte Basismodelle des benötigten Ultraschallschwingers bzw. Schwingsystems erstellt. Anschließend werden messtechnisch die Materialparameter als Eingangsgrößen für die numerische Auslegung bestimmt. Dann erfolgt die numerische Auslegung der Schwingeigenschaften des Ultraschallschwingers an deren Ende ein finales Modell der Schwingerkomponente steht.

4.1.1 Einflussgrößen auf ein Ultraschallsystem und Basismodelle

Influencing variables on an ultrasonic system and basic models

Um quantitative Anforderungen zu formulieren, sind die Einflussgrößen zu identifizieren, die den Aufbau und die Funktion des zu entwickelnden Ultraschallsystems maßgeblich bestimmen. Bild 4-2 gibt einen Überblick über die Einflussgrößen auf ein aktives Ultraschallsystem, z.B.

zur Unterstützung eines Zerspanprozesses sowie über deren Wirkreihenfolge. Die Einflussgrößen lassen sich in die Kategorien Prozess, Schwingverhalten, Geometrie, Material und Elektronik unterteilen, die zum Teil voneinander abhängig sind. Die „Wirkreihenfolge" ist hierbei die Reihenfolge, in der diese Größen aufeinander Einfluss nehmen.

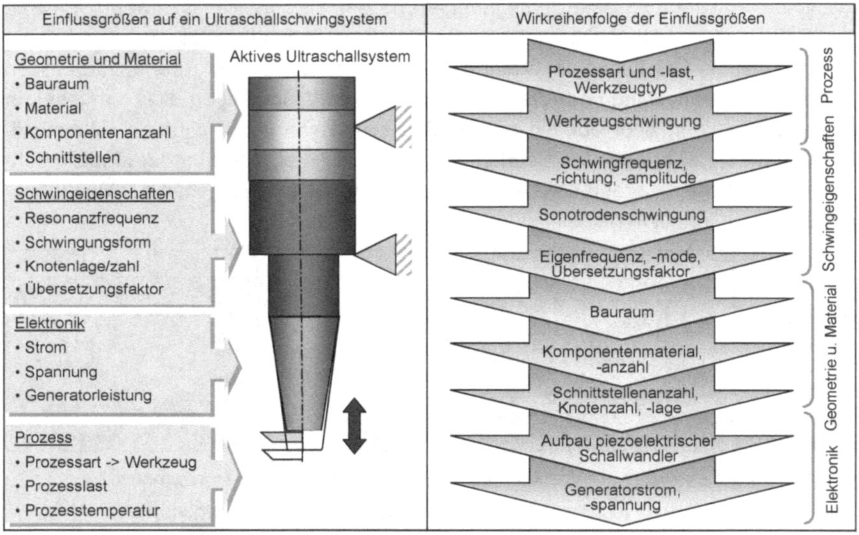

Bild 4-2: Einflussgrößen auf ein Ultraschallschwingsystem und deren Wirkreihenfolge

Influencing variables on an ultrasonic system and their effect sequence

Ausgehend vom Prozess, der mit einer Ultraschallschwingung des Werkzeugs unterstützt werden soll, wird das zur Unterstützung des Prozesses optimale Werkzeugschwingverhalten bestimmt. Dazu gehören die Schwingfrequenz, die Schwingrichtung und die Schwingamplitude des Werkzeugs. Die Höhe der Schwingfrequenz bestimmt sich beispielsweise aus den kinematischen Parametern des jeweiligen Prozesses. Bei einem spanenden Prozess wie dem Ultraschalldrehen z.B. muss die Frequenz entsprechend so gewählt werden, dass die Schwinggeschwindigkeit des Werkzeugs wesentlich höher als die Schnittgeschwindigkeit ist. Schwingrichtung und -amplitude des Werkzeugs müssen so gewählt werden, dass der Prozess optimal beeinflusst wird. Beim Ultraschallschleifen ist die optimale Schwingrichtung z.B. orthogonal zur Werkstückoberfläche, beim Ultraschalldrehen in Schnittrichtung. Die Amplitude wird u.a. von der benötigten Schwinggeschwindigkeit beeinflusst.

Aus der geforderten Werkzeugschwingung ergeben sich zunächst die benötigte Arbeits- bzw. Resonanzfrequenz des Systems. Weiterhin beeinflussen die notwendige Schwingrichtung die Auswahl des Schwingungsmodes des Schwingerwerkzeugs und die geforderte Schwingungsamplitude dessen Amplitudenübersetzungsfaktor. Aus dem notwendigen Schwingverhalten und den Bauraumrestriktionen werden die

Geometrie und das Material sowie die Anzahl der Komponenten des Schwingsystems ermittelt. Darüber hinaus bestimmt die Geometrie, das Schwingverhalten und die Komponentenanzahl die Anzahl der Schwingungsknotenpunkte, an denen das Schwingsystem gelagert werden kann. Die Anzahl der Komponenten des Schwingsystems bestimmt auch die Anzahl der Schnittstellen zwischen den Komponenten. Weiteren Einfluss auf das Verhalten des Schwingsystems hat die Elektronik, die den piezoelektrischen Schallwandler zu mechanischen Ultraschallschwingungen anregt. Strom, Spannung und Generatorleistung sowie der Aufbau des piezoelektrischen Schallwandlers und die Piezoelektrik selbst (z.B. wie viele Piezoscheiben verwendet werden) bestimmen die Schallleistung des Schwingsystems.

Da innerhalb der vorliegenden Arbeit die Methode zur Werkzeugauslegung für Ultraschallprozesse anhand von zwei Referenzprozessen gezeigt werden soll, ist im Bild 4-3 daher die dadurch bedingte Eingrenzung der genannten Einflussgrößen auf die Modellentwicklung von Ultraschallwerkzeugen qualitativ und quantitativ wiedergegeben. Als Referenzprozesse werden das ultraschallunterstützte Superfinishing und Drehen gewählt. Die Schwingfrequenzen der Systeme werden im Bereich von 20, 40 und 60 kHz liegen. Die Schwingungsformen werden sich auf die longitudinale Schwingung, die transversale Biegeschwingung und die überlagerte Biegeschwingung begrenzen. Die verwendeten Schwingermaterialien beschränken sich auf Stahl, Aluminium und Titanaluminid sowie auf die Materialien für die Werkzeugaufsätze.

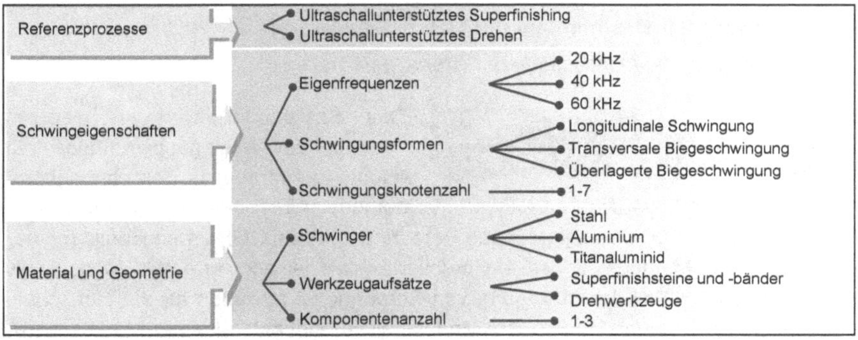

Bild 4-3: Eingrenzung der vorliegenden Arbeit

Boundaries of present work

Steht die Prozessart und somit der Werkzeugtyp fest, sind die gewünschten Schwingeigenschaften gewählt, ist die Geometrie aufgrund des Bauraums eingegrenzt und das Material definiert, sind die Anforderungen an ein Schwingerwerkzeug bzw. -system auf Grundlage der Einflussgrößen bestimmt. Daraus können Basismodelle der Schwingerwerkzeuge erstellt werden. Diese Basismodelle dienen der analytischen Vordimensionierung des Schwingerwerkzeugs unter Verwendung der Gleichungen 2-6 und 2-7 und als Grundlage für die rechnerische Detailauslegung und Formoptimierung. Aus Materialkennwerten, Frequenz, Eigenmode etc. lässt sich demnach die Startgeometrie ableiten. Dies wird in den Kapiteln 5 und 6 im Detail anhand von Modellbeispielen gezeigt. Bild 4-4 zeigt als Beispiel stabförmige Basismodelle für Längs- oder Biegeschwinger in konischer Form, die als Startgeometrien verwendet werden können. Es können aber je nach Anwendungsfall auch andere Basismodelle, z.B. stufenförmige etc. genutzt werden.

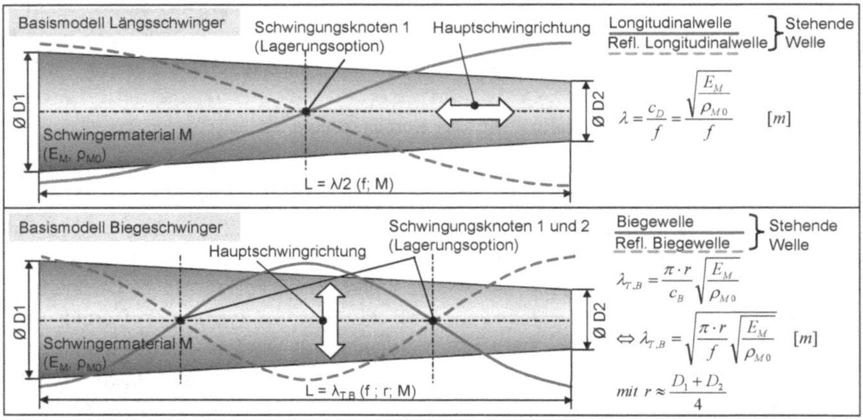

Bild 4-4: Basismodelle stabförmiger Längs- und Biegeschwinger (konisches Beispiel)

Basic models of rod longitudinal and flexural oscillators (conic example)

4.1.2 Methode zur Bestimmung der Materialkennwerte

Method for the identification of material parameters

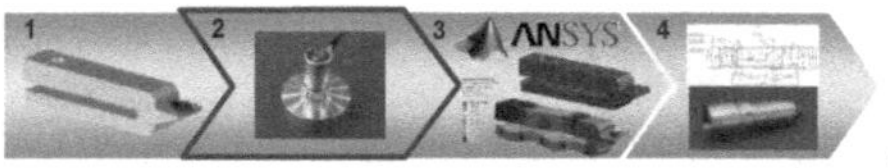

Das Basismodell wird im weiteren Verlauf der Auslegungsmethode mit einem neuartigen Berechnungsprogramm auf Grundlage der Finite-Elemente-Methode (FEM) detailliert und optimiert. Voraussetzungen für eine hochgenaue Berechnung eines Geometriemodells mit der Finite-Elemente-Methode sind exakt definierte Materialkennwerte des Modells als Eingabedaten. Im Fall der Auslegung von Schwingerwerkzeugen für die ultraschallunterstützte Zerspanung ist die FEM-Modalanalyse relevant. Mit einer Modalanalyse werden die Eigenfrequenzen und Eigenformen eines Modells berechnet. Dies wird im Kapitel 4.1.3 näher erläutert. Dazu müssen die Steifigkeit und die Masse des Bauteils bekannt sein. Über die Eingabe der Materialkenndaten Elastizitätsmodul E und Querkontraktionszahl ν wird die Steifigkeit definiert. Mit der Materialdichte und der Volumengeometrie ist die Masse bekannt. Je exakter die Materialkennwerte sind, desto genauer ist das Berechnungsergebnis. Die Verwendung von Materialkennwerten aus der Literatur ist im Fall einer Ultraschallsystemauslegung nicht ausreichend. Die Materialkennwerte müssen anhand einer Probe der Materialcharge, die zu Fertigung des Schwingerwerkzeugs verwendet werden soll, messtechnisch bestimmt werden. Über die messtechnische Bestimmung der Ausbreitungsgeschwindigkeiten c_l einer longitudinalen Schallwelle bzw. c_t einer transversalen

Schallwelle im Material eines unbegrenzten Festköpers sowie die Dichte ρ des Materials können folgende Materialparameter bestimmt werden [SCHU08, KUTT88]:

- Schubmodul G
- Elastizitätsmodul E
- Querkontraktionszahl ν

Sie sind durch folgende Gleichungen mit Dichte und Schallgeschwindigkeit verknüpft. Durch Umstellung der Gleichung 2-4 ergibt sich der Schubmodul des Materials aus der transversalen Schallgeschwindigkeit:

$$G = c_t^2 \cdot \rho \qquad [N/mm^2] \qquad \text{(Gl. 4-1)}$$

Durch Auflösung von Gleichung 2-3 und 2-4 nach ρ und gleichsetzen, berechnet sich der E-Modul in Abhängigkeit vom Schubmodul und den Schallgeschwindigkeiten zu:

$$E = \left[\frac{3 - 4 \cdot (\frac{c_t^2}{c_l^2})}{1 - (\frac{c_t^2}{c_l^2})} \right] \cdot G \qquad [N/mm^2] \qquad \text{(Gl. 4-2)}$$

Ebenfalls aus Gleichung 2-4 ergibt sich die Querkontraktionszahl:

$$\nu = \frac{E}{2G} - 1 \qquad [-] \qquad \text{(Gl. 4-3)}$$

Im Folgenden wird erläutert, wie die Dichte und die Schallgeschwindigkeit von Schwingermaterialien messtechnisch bestimmt werden. Die Dichte des Materials wird mittels des Verhältnisses der Masse zum Volumen errechnet. Zur Bestimmung der Masse kommt beispielsweise eine Mettler AT201-Waage zum Einsatz. Diese Waage kann mit einer Messgenauigkeit von 1/10.000 g und bis zu einem Maximalgewicht von 205 g messen. Die Dimensionen zur Volumenbestimmung der Probekörper können z.B. durch eine Messschraube von Mitutoyo bestimmt, aus dem 3D-Modell errechnet oder durch weitere Volumenbestimmungsverfahren ausreichend genau bestimmt werden.

Ein Ultraschallprüfverfahren zur Ermittlung der longitudinalen oder transversalen Schallgeschwindigkeit bzw. der Dicke eines Prüfkörpers oder zur Fehlstellensuche ist das Reflexions- oder Impulsechoverfahren (s. Bild 4-5). Dabei ist meist ein Schallwandler oder Prüfkopf aus piezoelektrischem Material gleichzeitig Sender und Empfänger. Die von einem Impulsgenerator erzeugten elektrischen Spannungsimpulse werden durch das piezoelektrische Material in Schwingungsimpulse gewandelt. Der Sender emittiert den Schwingungsimpuls in den zu untersuchenden Prüfkörper, also die Materialprobe. Dieser Startimpuls wird gleichzeitig auf einem Oszilloskop angezeigt. Sofort nach dem Aussenden des Startimpulses wird der Prüfkopf über eine Trennschaltung auf Empfang geschaltet. Er empfängt das „Echo“ des an der Rückseite des Prüfkörpers reflektierten Startimpulses. Das empfangene Echo wird nach Verstärkung und Gleichrichtung auf einem Oszilloskop angezeigt.

Aus seiner Lage wird bei bekannter Dicke die Schallgeschwindigkeit in der Materialprobe berechnet. Sind Fehlstellen vorhanden, wird deren Lage ebenfalls durch die auf dem Oszilloskop erscheinenden Fehlstellenechos bestimmt. Um die Schallgeschwindigkeit in Materialien zu bestimmen, können auch Ultraschallgeräte mit einfachen Sender-Empfänger-Köpfen genutzt werden [KRAU86, SCHL92].

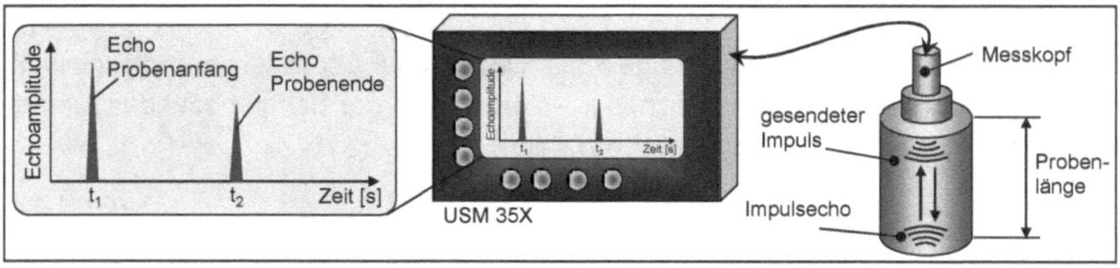

Bild 4-5: Messung der Schallgeschwindigkeit in einer zylindrischen Probe

Measurement of sonic speed in cylindrical pattern

Hier wird ein Gerät von Krautkramer des Typs USM 35X eingesetzt. An dieses können zwei unterschiedliche Messköpfe, einer zur Messung der longitudinalen (CA 214) und einer zur Messung der transversalen Schallgeschwindigkeit (K4Y), angeschlossen werden. Der Kalibriermodus des Gerätes erlaubt es, bei einer gegebenen Probenlänge y die zugehörige longitudinale und transversale Schallgeschwindigkeit der Materialprobe zu bestimmen [GEIN12].

4.1.3 Methode zur simulativen, automatisierten Schwingeroptimierung

Method for simulative, automated oscillator optimization

Nach der Bestimmung der Anforderungen an ein zu entwickelndes Schwingerwerkzeug bzw. -system und der messtechnischen Ermittlung wichtiger Materialkennwerte folgt die Detailberechnung des Modells mittels der Methode der Finite-Elemente (FEM-Simulation). Nachdem der prinzipielle Ablauf einer FEM-Modal- bzw. harmonischen Analyse im Stand der Technik beschrieben wurde, wird in diesem Kapitel ein Berechnungsprogramm zur automatisierten Ultraschallschwingerberechnung und -optimierung auf FEM-Basis dargestellt. Im Gesamtverlauf der Schwingerauslegung wird dieses zur Detailberechnung nach der Vordimensionierung angewendet. Über den derzeitigen Stand der Technik (Kapitel 2.4) hinaus ist so eine schnelle, automatisierte Schwingeroptimierung entsprechend der geforderten Schwingeigenschaften möglich. Der Entwickler muss nicht mehr viele zeitaufwändige Iterationen zur Modellanpassung und Neuberechnung manuell durchführen, um die geforderten Schwingereigenschaften zu erreichen. Das Berechnungsprogramm optimiert iterativ ohne Nutzereingriff das Schwingermodell so lange, bis die Anforderungen erfüllt sind. Innerhalb des Berechnungsprogramms wird die mathematische Software „Matlab" in Verknüpfung mit dem FEM-Strukturberechnungsprogramm „Ansys" genutzt [HATC01]. Bild 4-6 zeigt das Prinzip des Berechnungsprogramms.

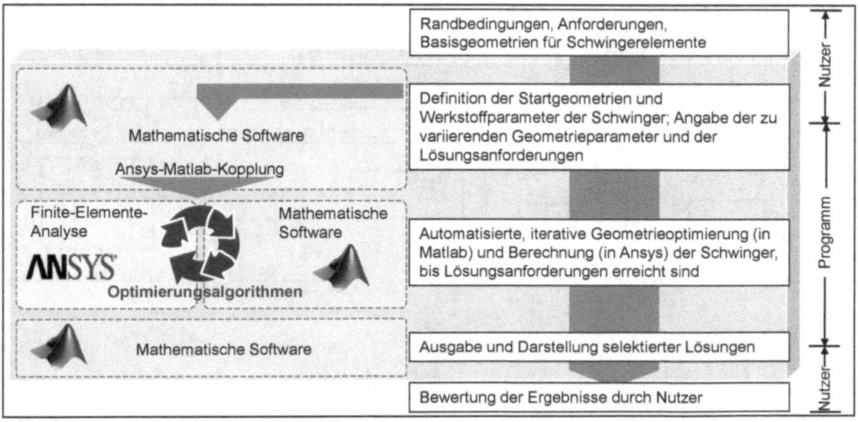

Bild 4-6: Prinzipieller Ablauf im Berechnungsprogramm

Principle flow of the calculation program

Im Folgenden wird zunächst die Vorgehensweise für den Nutzer des Berechnungsprogramms über die Benutzeroberfläche beschrieben. Anschließend werden wichtige Funktionen, die dem Berechnungsprogramm zugrunde liegen, erläutert.

Nutzervorgehensweise

Aus der Entwicklungsaufgabe, d.h. aus dem zu entwickelnden Ultraschallschwingsystem für einen definierten ultraschallunterstützten Prozess ergeben sich Randbedingungen, Anforderungen und Basismodelle für das Schwingerwerkzeug. Innerhalb der mathematischen Software Matlab gibt der Nutzer die Startgeometrie des Schwingers auf der Grundlage von Basismodellen vor. Dabei kann er aus verschiedenen hinterlegten Startgeometrien, z.B. für rotationssymmetrische, nicht-rotationssymmetrische, konische, gestufte Schwinger etc. auswählen. Diese Geometrien sind parametrisch aufgebaut, d.h. zur Erstellung einer individuellen Startgeometrie kann der Nutzer die Variablen Länge, Durchmesser, Breite etc. vorgeben. Bild 4-7 zeigt eine Auswahl von parametrisch aufgebauten Startgeometrien. Die Form des Oberflächenprofils für die Schwingerkomponente kann als linear, exponentiell, katenoidal (Seilkurve) oder „bezier" definiert werden. Das „Bezier-Profil" wird anschließend noch im Detail beschrieben. Den in Matlab mit Variablen hinterlegten Geometrieparametern a - n werden Startwerte zugeordnet. Dabei kann zwischen manueller Eingabe und Laden von bereits vorhandenen Werten gewählt werden. Von der aktuellen Startgeometrie kann ein Konturplot erstellt werden.

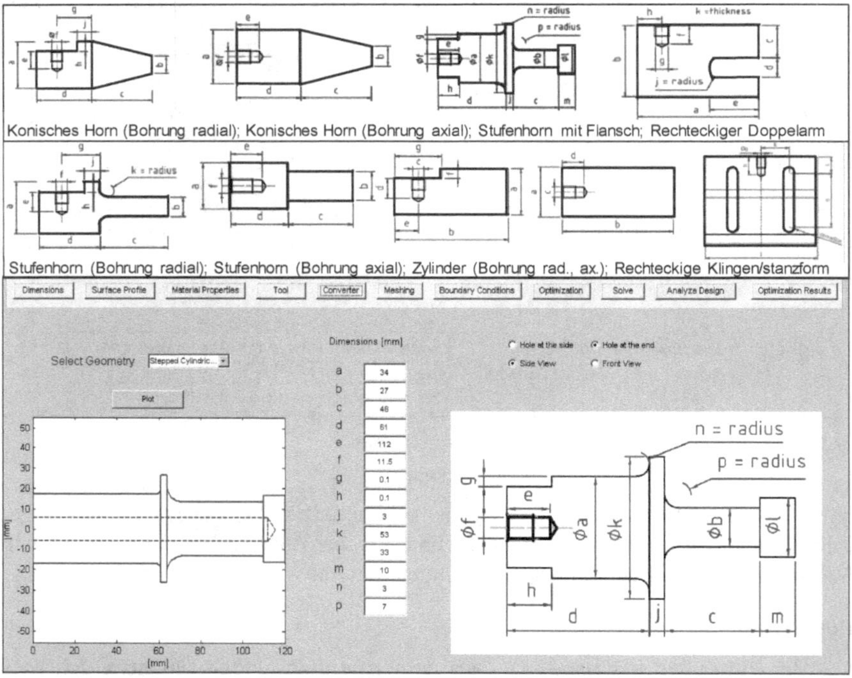

Bild 4-7: Auswahl und Erstellung von Startgeometrien und Benutzeroberfläche

Selection and generation of starting geometries and graphical user interface

Anschließend legt der Nutzer das Material für das Schwingermodell fest. Dafür können einerseits hinterlegte Literaturwerte für eine Reihe von Materialien geladen oder die exakten Werte der für eine Schwingungsanalyse relevanten Materialkennwerte Dichte, Elastizitätsmodul und Querkontraktionszahl auf Basis der vorher gemessenen Werte manuell eingegeben werden.

Weiterhin kann ein Werkzeugaufsatz modelliert werden, welcher mit dem Schwingermodell verbunden sein soll (Bild 4-8). Dieser kann einerseits als Zusatzmasse hinzugefügt werden. Das wird angewendet, wenn die räumliche Ausdehnung des Werkzeugaufsatzes gering im Vergleich zum Schwingermodell und daher zu vernachlässigen ist, wie z.B. bei einem Diamantwerkzeug, welches auf dem Schwinger zum Ultraschalldrehen montiert ist. Andererseits kann der Werkzeugaufsatz auch in geometrischen Dimensionen definiert werden. Dies ist der Fall bei Werkzeugaufsätzen, deren räumliche Ausdehnung groß im Vergleich zum Schwingermodell und daher nicht zu vernachlässigen ist. Ein Beispiel hierfür wäre ein Werkzeugaufsatz für das ultraschallunterstützte Superfinishing. Die Materialkennwerte gibt der Nutzer ebenfalls ein. Darüber hinaus hat der Nutzer die Möglichkeit, neben einem Werkzeugaufsatz auch einen piezoelektrischen Schallwandler zu modellieren und an das

Schwingermodell anzufügen. Hier werden die Dimensionen und die Materialkennwerte der Schallwandlerkomponenten eingegeben.

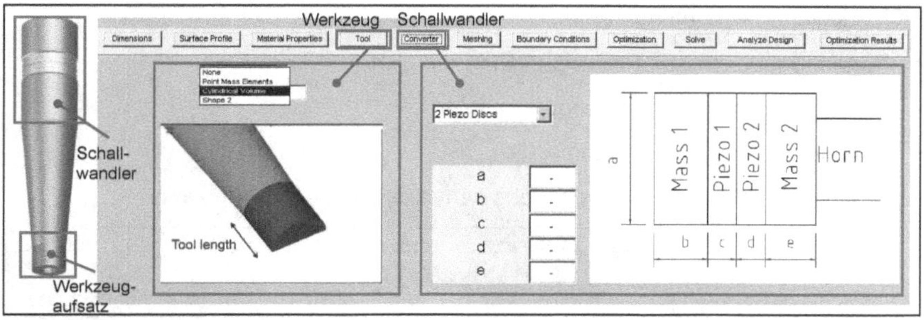

Bild 4-8: Definition von Werkzeugaufsatz oder Schallwandler

Definition of tool or converter

Nach Festlegen der Startgeometrie und des Materials wird das FE-Netz für das Modell definiert. Der Nutzer kann zwischen automatischer und benutzerdefinierter Netzerstellung wählen. Bei der benutzerdefinierten Erstellung gibt der Nutzer die Netzelementgröße oder -teilung vor. Die Netzteilung bestimmt die Elementmenge auf der Schwingerachse. Weiterhin legt der Nutzer Randbedingungen wie Lage und Art der modellhaften Fixierung des Schwingermodells fest. Er kann dabei zwischen einem unfixierten, also frei schwingenden oder einem an ausgewählten Punkten fixierten Schwingermodell wählen. Durch eine Fixierungsbedingung kann z.B. eine Lagerung simuliert werden. Ein Beispiel hierfür wäre eine Fixierung an der Montagefläche des Schwingers zum Schallwandler oder an dem Flansch eines Stufenhorns (vgl. Bild 4-7). Weiterhin können die Freiheitsgrade einer Fixierung an dem jeweiligen Punkt oder der jeweiligen Fläche in alle drei Raumrichtungen definiert werden.

Anschließend wird die Analyseart gewählt: Modalanalyse oder harmonische Analyse. Mit der Modalanalyse werden die Eigenfrequenzen und Schwingungsformen sowie die Anzahl und Lage der Schwingungsknoten für den ungedämpften Fall berechnet. Mit der harmonischen Analyse können zusätzlich die Schwingungsamplitude und Spannungen errechnet werden. Der Nutzer kann folgende Größen als Ziele vorgeben, die durch automatisch-iterative Geometrieoptimierung erfüllt werden sollen:

- Geforderte Eigenfrequenz und Schwingungsform
- Anzahl der Schwingungsknoten
- Hohe Schwingungsamplitude an definierten Punkten des Schwingers
- Geringe Spannung im Schwingermodell

Weiterhin gibt der Nutzer an, welche Geometrieparameter des Schwingermodells, z.B. Durchmesser, Längen, Oberflächenprofil, automatisch optimiert werden sollen. Mit „Solve“ wird die Berechnung gestartet. Je nach Komplexität der Modellgeometrie, der Vernetzung und der Anzahl der zu optimierenden Geometrieparameter kann die

Rechenzeit ohne Nutzeingriff von wenigen Minuten bis Stunden variieren. Ist die Rechnung durchgeführt, wird folgendes ausgegeben (Bild 4-9):

- Optimierte Geometrieparameter
- Eigenfrequenzen und Schwingungsformen
- Anzahl und Lage der Schwingungsknoten
- Amplituden und Spannungen
- Anzahl an optimalen Lösungen, aus denen der Nutzer wählen kann

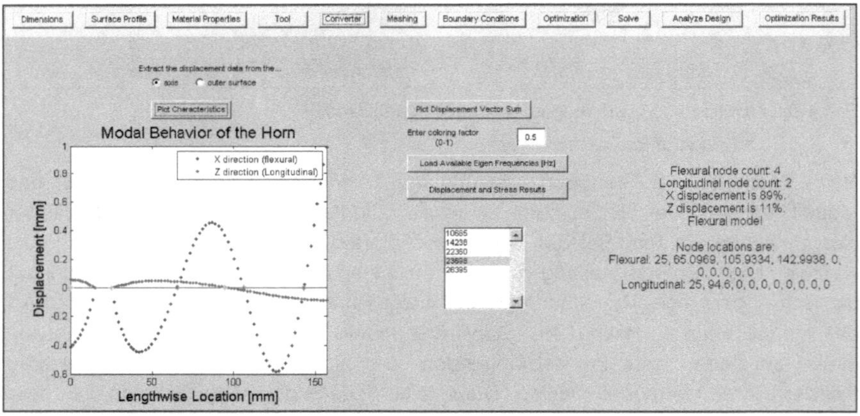

Bild 4-9: Auszug aus der Benutzeroberfläche; Lösungsausgabe

Example from the graphical user interface; solution

Softwarekopplung Ansys-Matlab

Im Berechnungsprogramm ist die mathematische Software Matlab mit dem Strukturberechnungsprogramm Ansys gekoppelt. Da es sich um eine automatisch-iterative Optimierungsberechnung der Schwingergeometrie handelt, muss Ansys bei jeder Iterationsschleife aufgerufen werden. Da zahlreiche Schleifen notwendig sind, muss der Start der Ansys-Berechnung automatisiert erfolgen. Mit Verwendung der APDL (Ansys Parametric Design Language), einer Ansys-eigenen Skriptsprache [ANSY12], und dem Batch-Mode kann Ansys viele Male im Hintergrund aufgerufen und ausgeführt werden, ohne dass die Ansys-Benutzeroberfläche durch den Nutzer geöffnet werden muss [ANSYS12]. Eine Batchdatei ist eine Textdatei (mit Namenserweiterung *.bat* oder *.cmd*), die eine Befehlsserie enthält, die von einem Kommandozeileninterpreter als sequentielle Stapelverarbeitung ausgeführt werden. Der Batch-Mode erleichtert die automatisierte Ausführung von sich wiederholenden Befehlsfolgen. Mittels einer Batchdatei kann Ansys mit dem Befehl *dos('my_batch.cmd')* von Matlab aus gestartet werden [MATL12]. Im Bild 4-10 ist die Ansys-Matlab-Kopplung für das vorliegende Optimierungsprogramm dargestellt. In Matlab ist der Hauptcode des Programms hinterlegt. Hier werden die Startgeometrie eines Schwingermodells erstellt und die Modellparameter in Ansys APDL-Format umgewandelt. Daraus wird eine Input-Textdatei bzw. Batchdatei gebildet. Die Modellparameter werden zu Ansys transferiert, indem die Batchdatei ausgeführt wird. Ansys evaluiert bzw. berechnet die Eigenschaften des Modells mit den vorgegebenen Parametern. Die Berechnungsergebnisse im APDL-Postprocessing-Format werden in eine separate Textdatei geschrieben und an Matlab übergeben. In Matlab werden die Berechnungsergebnisse ausgewertet. Entsprechen diese den Anforderungen, werden die Parameter und Ergebnisse der finalen Geometrie dem Nutzer ausgegeben. Entsprechen die Ergebnisse nicht den Anforderungen, erfolgt ein erneuter Optimierungsschritt (die beim Optimierungsschritt angewendeten Algorithmen werden im Anschluss beschrieben). Aus dem Optimierungsschritt ergibt sich die Geometrieänderung im Schritt N+1. Daraus wird eine neue Inputdatei gebildet.

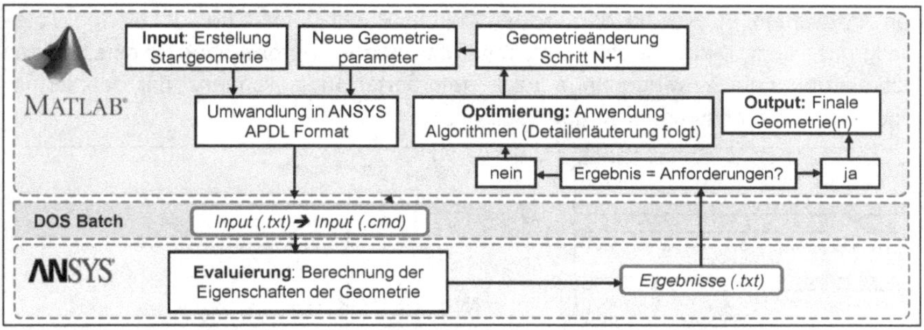

Bild 4-10: Strukturdiagramm Ansys-Matlab-Kopplung und Programmablauf

Structure diagram Ansys-Matlap-interface and program cycle

Optimierungsalgorithmen

Zu Optimierung der Parameter der Startgeometrie eines Schwingermodells werden je nach Komplexität des Optimierungsproblems unterschiedliche Algorithmen angewendet. Bild 4-11 zeigt am Beispiel einer beliebigen, asymmetrischen Startgeometrie eine Übersicht der in diesem Fall optimierbaren Geometrieparameter und der angewendeten Algorithmen.

Asymmetrische Startgeometrie	Optimierungsalgorithmen	
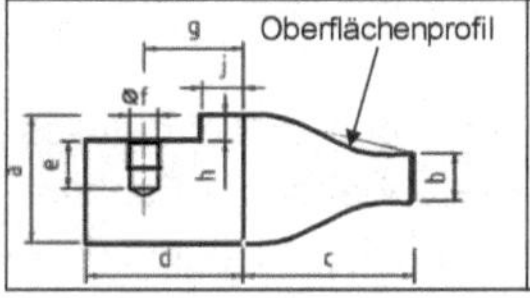	▪ **Hauptlängen: z.B. d, c** ➢ Einfaches Optimierungsproblem ➢ Optimieren durch lineare Approximation **Hauptdurchmesser: z.B. a, b** ➢ Einfaches Optimierungsproblem ➢ Optimieren durch lineare Approximation	▪ **Oberflächenprofil** ➢ Komplexes Optimierungsproblem ➢ Optimieren mit genetischem Algorithmus ▪ **Restliche Größen** (Bohrungen etc.) ➢ Nicht automatisch optimierbar

Bild 4-11: Angewendete Optimierungsstrategien bezogen auf Geometrieparameter

Applied optimization strategies relating to geometry parameter

Die Hauptgrößen wie Längen und Durchmesser des Schwingermodells können mittels einer iterativen, *linearen Approximation* der Resonanzfrequenz, Schwingungsmode und -knoten optimiert werden, da hier eindeutige Zusammenhänge zwischen Geometrieparameter und Schwingeigenschaften bestehen. Diese wird im Folgenden beschrieben. Zur Optimierung des Oberflächenprofils des Schwingermodells hinsichtlich Schwingeigenschaften, Amplitude und Spannung wird dagegen ein sogenannter *genetischer Algorithmus* (dieser wird anschließend im Detail beschrieben) angewendet, da die Zusammenhänge hier wesentlich komplexer sind und keiner eindeutigen Tendenz folgen. Weitere Geometrieparameter, die Details wie Bohrungsgröße, Schlüsselflächen etc. beschreiben, können nicht explizit iterativ optimiert werden, sondern bleiben jeweils auf dem konstanten Startwert.

Die *iterativ-lineare Approximation* [KELL03] ist hier als Algorithmus zur automatisierten Anpassung der Längen bzw. Durchmesser der Schwingergeometrie an die gewünschten Schwingeigenschaften implementiert. Hierbei wird ein Punkt auf einer unbekannten Funktion durch Geraden iterativ angenähert, bis der Abstand zwischen dem gesuchten Punkt und dem angenäherten Punkt unter einer definierten Toleranzgrenze liegt. Bild 4-12 skizziert die iterativ-lineare Approximation beispielhaft zur Optimierung der Schwingerlänge bzgl. geforderter Eigenfrequenz mit definiertem Eigenmode und bestimmter Knotenzahl.

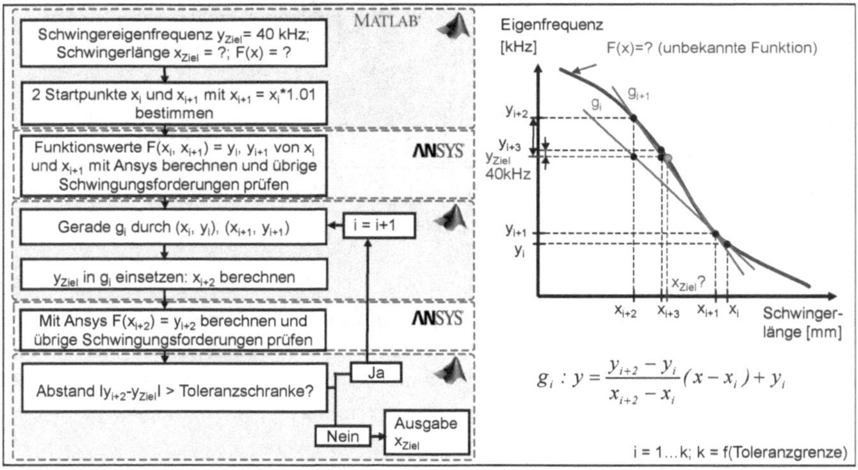

Bild 4-12: Skizzierung der iterativ-linearen Approximation

Overview of iterative-linear approximation

Die Schwingerlänge und die davon abhängige Schwingereigenfrequenz (bei definiertem Eigenmode und festgelegter Knotenzahl) sind durch eine unbekannte Funktion F(X) miteinander verknüpft. Die gewünschte Eigenfrequenz y_{Ziel} (z.B. mit longitudinalem Eigenmode und einer Schwingungsknotenstelle) ist bekannt oder wird vom Nutzer vorgegeben und beträgt in diesem Beispiel 40 kHz. Es ist nun die Schwingerlänge x anzupassen bzw. die Schwingerlänge x_{Ziel} zu finden, bei der der Schwinger diese Schwinganforderungen, also y_{Ziel} mit vorab festgelegtem Eigenmode und festgelegter Knotenzahl, erfüllt.

Die lineare Approximation beginnt mit einem geeigneten Startwert für die Schwingerlänge x_i in der Nähe der Lösung x_{Ziel}. Das Setzen des Startwerts x_i, dessen Nähe zur Lösung und damit die Anzahl der Iterationsschritte hängen von der Erfahrung des Nutzers ab. Anschließend wird ein weiterer Punkt x_{i+1} gewählt, der sich in der Nähe von x_i befindet ($x_{i+1} = x_i$*1.01), sich also nur geringfügig von x_i unterscheidet. Die Funktionswerte dieser zwei Startpunkte $F(x_i) = y_i$ und $F(x_{i+1}) = y_{i+1}$, also die Eigenfrequenzen des Schwingers bei der Schwingerlänge x_i bzw. x_{i+1} werden über die Evaluation mit dem FEM-Programm Ansys berechnet sowie auch die Eigenmoden und die Knotenanzahl bei diesen Schwingerlängen geprüft. Stimmt Eigenmode und Knotenanzahl nicht mit den Anforderungen überein, wird ein neues x_{i+1} nahe dem ersten gewählt.

Sind die übrigen Schwingungsanforderungen erfüllt, wird anschließend die Gerade g_i durch die beiden Punkte (x_i, y_i) und (x_{i+1}, y_{i+1}) bestimmt. In die Geradengleichung wird y_{Ziel} eingesetzt und daraus x_{i+2} berechnet ($g_i(x_{i+2}) = y_{Ziel}$). Dieses x_{i+2} ist der neue Iterationspunkt. Mittels Ansys wird $F(x_{i+2}) = y_{i+2}$ sowie die übrigen Schwingungsanforderungen evaluiert. Sind die übrigen Anforderungen erfüllt, wird der Abstand in y-Richtung von y_{i+2} zu y_{Ziel} berechnet. Liegt dieser Abstand außerhalb der Toleranz, so muss ein weiterer Iterationsschritt durchgeführt werden: Es wird eine Gerade g_{i+1} durch die beiden Punkte (x_{i+1}, y_{i+1}) und (x_{i+2}, y_{i+2}) bestimmt. In die Geradengleichung wird y_{Ziel} eingesetzt und daraus x_{i+3} berechnet ($g_{i+1}(x_{i+3}) = y_{Ziel}$). Dieses x_{i+3} ist der neue Iterationspunkt. Mit Ansys wird $F(x_{i+3}) = y_{i+3}$ berechnet. Dann wird der Abstand in y-Richtung von y_{i+3} zu y_{Ziel} berechnet. Liegt dieser Abstand außerhalb der Toleranz, muss ein weiterer Iterationsschritt durchgeführt werden. Liegt der Abstand in der Toleranzgrenze, also nahe genug an y_{Ziel}, so ist x_{i+3} die gewünschte Schwingerlänge x_{Ziel}.

Ist zur Beschreibung des Oberflächenprofils der Schwingerkomponente eine sogenannte „Bézier"-Kurve, also kein lineares, exponentielles oder katenoidales (Seilkurve) Profil, gewählt worden, so kann das Profil ebenfalls automatisch-iterativ optimiert werden [WANG11]. Eine Bézier-Kurve wird gewählt, da mit dieser ein komplexes Oberflächenprofil eines Schwingers mit einer geringeren Anzahl von Parametern definiert und eine große Kurvenbandbreite abgedeckt werden kann.

Die von Pierre Bézier entwickelte Bézier-Kurve ist eine parametrisch modellierte Kurve und wird in vielen Computer-Grafiken genutzt [VINC06]. Eine Bézierkurve n-ten Grades zu gegebenen n+1 Punkten Z_0, $Z_1, \ldots, Z_n$ ist für t [0..1] definiert als:

$$p(t) = \sum_{i=0}^{n} B_i^{\,n}(t) Z_i \qquad \text{(Gl. 4-4)}$$

mit dem i-ten Bernsteinpolynom (reelle Polynome mit ganzzahligen Vielfachen) n-ten Grades [VINC06]:

$$B_i^n(t) = \binom{n}{i} t^i (1-t)^{n-i}, 0 \le i \le n \qquad \text{(Gl. 4-5)}$$

Z_0 und Z_n sind Start- und Endpunkte. Z_i, mit i = 1...n-1 sind Kontrollpunkte, die zwischen Z_0 und Z_n geändert werden können, um verschiedene Kurven zu erzeugen. Eine sogenannte kubische Bézier-Kurve wird beschrieben als:

$$p(t) = (1-t)^3 Z_0 + 3t(1-t)^2 Z_1 + 3t^2(1-t)Z_2 + t^3 Z_3 \qquad \text{(Gl. 4-6)}$$

mit Z_0 und Z_3 als Start- bzw. Endpunkte der Kurve ($p(t) = Z_0$ für t = 0 und $p(t) = Z_3$ für t = 1) und Z_1 und Z_2 als Kontrollpunkte [VINC06].

Zur Beschreibung des Oberflächenprofils des Schwingerelements innerhalb dieser Arbeit wird eine kubische Bézier-Kurve angewendet. Diese hat die Parameter Z_0 (Startpunkt, entspricht in Y-Richtung dem Radius R_1 am Schwinger), Z_3 (Endpunkt, entspricht in Y-Richtung dem Radius R_2 am Schwinger), Z_1 und Z_2 (Bézier-Kontrollpunkte). Bild 4-13 zeigt die halbe Schnittansicht eines Schwingers. Dessen Oberflächenprofil wird im Designbereich mit der Bézier-Kurve bzw. den vier Punkten beschrieben. Die Grenzen von Z_1 und Z_2 im Designbereich sind bestimmt durch:

$$L \ge Z_1x \ge 0,\ L \ge Z_2x \ge 0,$$

$$R_1 \ge Z_1y \ge R_2,\ R_1 \ge Z_2y \ge R_2 \ \ mit\ \ Z_1 = \begin{Bmatrix} Z_1x \\ Z_1y \end{Bmatrix},\ Z_2 = \begin{Bmatrix} Z_2x \\ Z_2y \end{Bmatrix}$$

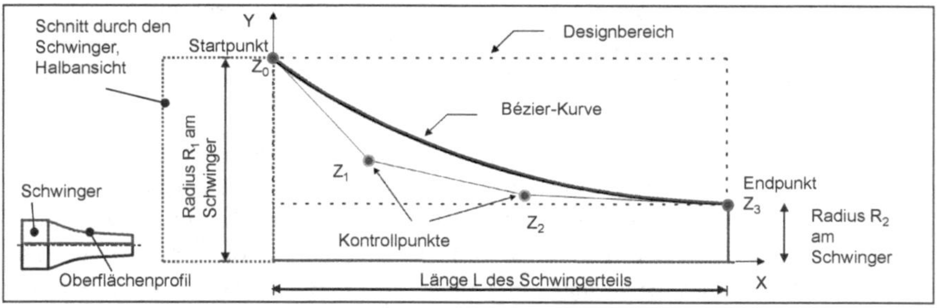

Bild 4-13: Beschreibung des Oberflächenprofils eines rotationssymmetrischen Schwingers durch eine Bézier-Kurve

Surface profile description of a rotation symmetrical oscillator with a Bézier-curve

Wie im Bild 4-11 gezeigt, wird das Oberflächenprofil, das durch Kontrollpunkte einer Bézier-Kurve beschrieben wird, mittels eines *genetischen Algorithmus'* iterativ optimiert, da hier komplexere Zusammenhänge zwischen der Profilform und den Schwingeigenschaften des Schwingermodells bestehen. Ein genetischer Algorithmus wird in der Optimierung zur Suche von optimalen Lösungen aus einer Vielzahl von Lösungen genutzt. Er findet Lösungen X über Vererbung, Mutation, Selektion und Kreuzung von Merkmalen einer Population P der Größe N und Generationenanzahl K. Die erste Generation wird dabei über eine zufällige Vergabe der Merkmale erzeugt und mittels der Optimierungsfunktion auf ihre „Fitness" ausgewertet. Die

Fitness beschreibt, in welchem Maße die generierten Lösungen den Zielvorgaben (Kriterien, Anforderungen) entsprechen.

Die Zielvorgaben in der vorliegenden Arbeit entsprechen den Anforderungen an den Schwinger, die vom Nutzer eingegeben werden: Eigenfrequenz bei geforderter Schwingungsform und Knotenanzahl, Schwingungsamplitude und Spannung. Die generierten Lösungen sind in der vorliegenden Arbeit die optimierten Geometrien.

Im Verlauf des Algorithmus wird jeweils eine neue Population über Kreuzung oder Mutation von bereits bestehenden Lösungen generiert, die den definierten Zielvorgaben mehr entspricht als die vorherigen Lösungen. Diese bilden dann eine neue Population, die wiederum die Basis für einen weiteren Iterationsschritt der Optimierung darstellt, bis die generierten Lösungen zu den Zielvorgaben konvergiert sind [ABRA05, KONA06, DEB02, ZITZ98].

Sind im Optimierungsproblem mehrere, nicht gewichtete Zielvorgaben vorhanden, so ist dies eine multikriterielle Optimierung. Hierbei tritt eine Menge von optimalen Lösungen des Optimierungsproblems auf, die einander nicht dominieren, d.h. die eine Lösung ist nicht besser als die andere. Diese Lösungsmenge wird als „Pareto-Menge" oder Menge optimaler Kompromisse bezeichnet. Eine Verbesserung eines Zielfunktionswertes kann nur noch durch Verschlechterung eines anderen erreicht werden [HEMS06, SRIN94, KONA06].

Im Bild 4-14, links, sind die pareto-optimalen Lösungen für zwei Zielvorgaben prinzipiell dargestellt. Rechts im Bild ist ein beliebiges Beispiel mit den zwei Zielvorgaben „Deviation from Frequency Aim 40 kHz" und „Displacement" (Auslenkung eines definierten Netzknotens im zugrunde liegenden FEM-Modell). Die „Deviation" sollte möglichst klein, also nahe der roten Linie bei 40 kHz sein und das „Displacement" in diesem Beispiel möglichst hoch. Die Menge an optimalen Lösungen ist erkennbar.

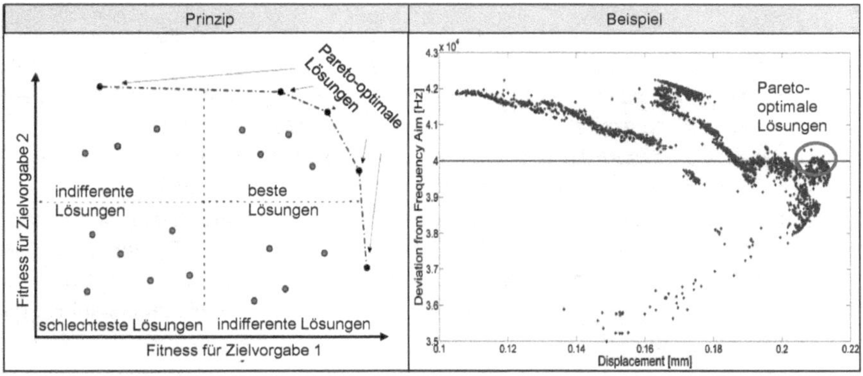

Bild 4-14: Prinzip der Pareto-Menge bei zwei Zielvorgaben

Principle of pareto-front with two objectives

Zur Optimierung innerhalb dieser Arbeit wird eine Weiterentwicklung eines genetischen Algorithmus, des sogenannten *„Nicht-dominierend-sortierenden Genetischen Algorithmus II“* angewendet (*Non-dominated sorting Genetic Algorithm II, NSGAII*) [DEB02, SRIN94]. Bild 4-15 gibt als Prinzipbild die Anwendung des NSGAII im Programm wieder, die im Folgenden erläutert wird.

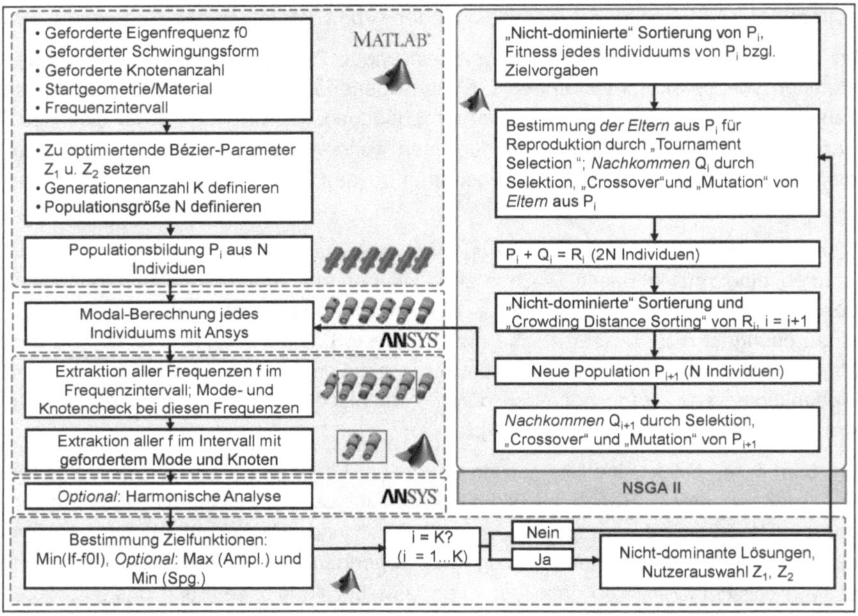

Bild 4-15: Skizzierung der Iteration mit genetischem Algorithmus NSGA-II

Overview of iteration with genetical algorithm NSGA-II

Zur iterativen Optimierung des Bézier-Oberflächenprofils zur Erfüllung der schwingungstechnischen Anforderungen (Zielvorgaben) werden vom Nutzer in Matlab zunächst die gewünschte Eigenfrequenz f0, Schwingungsform und Knotenanzahl vorgegeben. Danach werden die Startgeometrie, das Material und das Frequenzintervall, innerhalb dessen die optimalen Lösungen gesucht werden sollen, definiert. Ist als Oberflächenprofil für einen rotationssymmetrischen Schwinger „Bézier“ gewählt, werden die zu optimierenden Bézier-Parameter Z_1 und Z_2 auf einen Startwert innerhalb der oben angegebenen Grenzen gesetzt. Z_0 und Z_3 sind durch die vom Nutzer vorgegebenen Radien am Anfang und am Ende des Schwingers festgelegt. Für den genetischen Algorithmus werden die Generationenanzahl K und die Populationsgröße N gesetzt.

Im Algorithmus wird dann die erste Population P_i an Schwingern der Größe N durch Variation von Z_1 und Z_2 gebildet. Die N Individuen werden automatisch mit der FEM-Modalanalyse in Ansys evaluiert. Die Individuen, deren Eigenfrequenzen im gewünschten Frequenzintervall liegen, werden selektiert und hinsichtlich ihrer Schwingungsform, Knotenlage und -anzahl charakterisiert. Diese Charakterisierung erfolgt automatisch ohne Nutzersichtung und wird im Folgenden noch gesondert erläutert. Die Individuen, deren Eigenfrequenzen f im Intervall liegen und die den gewünschten Schwingungsmode und die Knotenanzahl aufweist, werden extrahiert und optional zur harmonischen Analyse mit Ansys überführt. Anschließend werden die Zielfunktionen Min. (lf-f0l) sowie optional Max. (Amplitude) und Min. (Spannung) geprüft. Solange die maximale Generationanzahl K noch nicht erreicht ist, werden über den NSGA-II in Matlab iterativ genetisch optimierte Populationen wie folgt gebildet und in Ansys evaluiert.

Die evaluierte, aktuelle Population P_i wird *„nicht-dominiert“* sortiert. Bei der nicht-dominierten Sortierung wird jede Lösung (evaluiertes Individuum) einer Population einer Gruppe zugeordnet. Die sich innerhalb einer Gruppe befindenden Lösungen sind zwar gleichwertig, die Gruppen selbst aber können sich gegenseitig dominieren und werden nach dem Grad der Erfüllung der Zielvorgaben, also der Fitness, sortiert. Jedem Individuum in der jeweiligen Gruppe wird entsprechend ein Fitnesswert zugeordnet [DEB02].

Aus der aktuellen, sortierten Population werden Eltern für die Reproduktion mittels *„Tournament Selection“* ausgewählt. Die Tournament Selection ist die Auswahl der stärksten Individuen aus einer Population. Dabei werden zufällig je zwei Individuen aus der aktuellen Population ausgewählt und ihre Fitness verglichen. Das „fittere“ Individuum wird in den Pool der Eltern für die Reproduktion überführt. Diese Art der Auswahl und relative Bewertung der Fitness zweier Individuen ist schneller, als es eine absolute Bewertung der Fitness jedes einzelnen Individuums wäre [DEB02].

Aus den Eltern aus P_i wird die Nachkommenpopulation Q_i mit N Individuen mittels der Operatoren *„Crossover“* und *„Mutation“* gebildet. Beim Crossover Operator werden die Merkmale zweier Elternindividuen kombiniert, um ein Individuum der Nachkommenpopulation zu erhalten [SESH10, DEB95, BEYE01]. Merkmale sind hier z.B. die Werte bestimmter Parameter der Eltern-Schwingergeometrie. Mit dem Mutationsoperator werden die Merkmale der Elternindividuen zufällig geringfügig geändert, um ein Individuum der Nachkommenpopulation zu erhalten [RAGH04, SESH10].

Anschließend wird die Elternpopulation P_i der Schwingergeometrien mit der Nachkommenpopulation Q_i zur Population R_i mit 2N Individuen von Schwingern kombiniert. R_i wird nicht-dominiert sortiert. Die zwei fittesten Gruppen der sortierten Population R_i werden in die neue Population P_{i+1} überführt. Solange P_{i+1} nicht die Größe N besitzt, wird die drittfitteste Gruppe von R_i einem *„Crowding Distance Sorting“* unterzogen. Die fittesten Individuen daraus werden in P_{i+1} überführt, bis P_{i+1} die Größe N hat. Die Crowding Distance ist ein Maß für die Diversität der erhaltenen Lösungen. Eine hohe Diversität garantiert, dass der Algorithmus stark voneinander abweichende Lösungen in Betracht gezogen hat. Bei einer geringen Diversität bleibt eine Vielzahl von Lösungen unbeachtet [DEB02].

Aus der neuen Population P_{i+1} wird eine neue, genetisch optimierte Nachkommenpopulation Q_{i+1} nach obigen Verfahren gebildet und in Ansys evaluiert. Solange $i < K$ werden der NSGA-II fortgesetzt und genetisch optimalere Populationen gebildet. Wenn $i = K$ wird die Iteration gestoppt. Hier liegt die „Pareto-Menge“ an Schwingergeometrien vor, die die Anforderungen erfüllen. Der Nutzer kann aus der Menge individuell eine Lösung aussuchen und die optimierten Bézier-Parameter Z_1 und Z_2 zur Erstellung des finalen 3D-Modells des Schwingerelements anwenden.

Schwingungsformerkennung, -selektion und Schwingungsknotenerkennung

In der automatisch-iterativen Optimierung werden nach jeder Evaluation mit Ansys die errechneten Schwingungsfrequenzen und die zugehörigen Schwingungsformen automatisiert mit den Anforderungen verglichen. Dazu ist eine rechnerische Erkennung von Schwingungsformen ohne visuelle Nutzerbewertung notwendig, das Programm muss also:

- Eigenfrequenzen im vorgegebenen Intervall berechnen,
- Verschiebungsdaten in drei Raumrichtungen X, Y und Z für die berechneten Eigenfrequenzen an allen Knotenpunkten entlang der Schwingerachse extrahieren und
- die Verhältnisse der Verschiebungsdaten der Knotenpunkte entlang der Schwingerachse zueinander zur Bestimmung der Schwingungsformen nutzen.

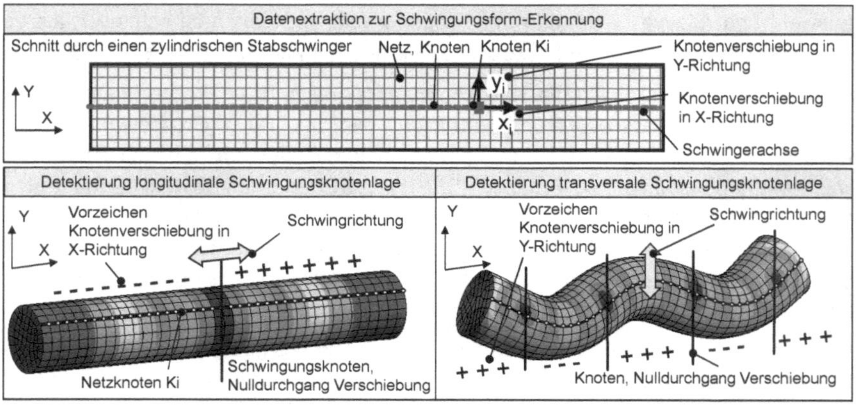

Bild 4-16: Bestimmung Schwingform und Schwingungsknotenlagen

Determination of oscillation mode and oscillation node positions

Bild 4-16, oben, zeigt anhand eines Schnitts durch einen zylindrischen Schwinger die Datenextraktion entlang der Schwingermittelachse zur Bestimmung der Schwingform. Dabei werden die Werte der Verschiebungen des i-ten Knotens K_i in X-Richtung x_i und in Y-Richtung y_i entlang der Achse, beginnend bei $X = 0$ und $Y = 0$ bis zum Ende des Schwingers aus der Ansys-Ergebnis-Datei extrahiert. V_{ax} wird als das Verhältnis axialer Verschiebung, V_{rad} wird als das Verhältnis radialer Verschiebung und n als Anzahl der Knoten auf der Achse definiert:

$$V_{ax} = \frac{\sum |x_i|}{\sum |x_i| + \sum |y_i|}, \qquad V_{rad} = \frac{\sum |y_i|}{\sum |y_i| + \sum |x_i|}, \qquad i = 1..n \qquad \text{(Gl. 4-7)}$$

Bei $V_{ax} > 0{,}5$ ist die Verschiebung x_i der einzelnen Knoten auf der Achse in X-Richtung größer als die Verschiebung y_i in Y-Richtung. Dies deutet auf einen Längsmode hin, allerdings ist der Größenunterschied der Verschiebung in X- und Y-Richtung sehr klein, es kann ein Mischmode vorliegen. Ein eindeutiger Längsmode liegt vor, wenn V_{ax} mindestens 0,6 oder V_{rad} höchstens 0,4 beträgt. Daher wird in dem hier beschriebenen Programm die Untergrenze zur eindeutigen Identifikation des Längsmodes durch V_{ax} auf 0,6 gelegt. Analog liegt ein eindeutiger Transversal-Biegemode vor, wenn V_{rad} mindestens den Wert 0,6 oder V_{ax} höchstens den Wert 0,4 hat. Dann sind die Verschiebungen in Y-Richtung größer. Liegt V_{ax} oder V_{rad} zwischen 0,4 und 0,6 ist keine klare Dominanz der Verschiebungen x_i bzw. y_i zu erkennen. In diesem Fall wird die Schwingungsform als Mischmode charakterisiert. Es gilt also:

$0{,}6 \leq V_{ax}\ oder\ V_{rad} \leq 0{,}4 \Rightarrow$ Longitudinalmode

$0{,}6 \leq V_{rad}\ oder\ V_{ax} \leq 0{,}4 \Rightarrow$ Transversal-Biegemode

$0{,}4 < V_{ax} < 0{,}6 \Rightarrow$ Mischmode

$0{,}4 < V_{rad} < 0{,}6 \Rightarrow$ Mischmode

Weiterhin müssen für jede Schwingungsform die Schwingungsknoten nach Anzahl und Lage bestimmt werden. Dazu werden die Verschiebungsdaten jedes Netzknotens entlang der Achse wie bei der Modebestimmung oder entlang der Oberfläche des Schwingers ausgewertet. Ein Schwingungsknoten liegt dann vor, wenn ein Vorzeichenwechsel bei der Verschiebung, also ein Nulldurchgang der Schwingungsamplitude auftritt (Bild 4-16, unten).

Die Verschiebungen zweier aufeinanderfolgender Knoten in X- bzw. Y-Richtung werden multipliziert. Ist das Multiplikationsergebnis negativ, so ist die Schwingungsknotenlage detektiert, z.B. für die Detektion in X-Richtung: Wenn $x_i * x_{i+1} < 0$; dann liegt der Schwingungsknotenpunkt zwischen x_i und x_{i+1} (i = 1...n). Die Anzahl der negativen Multiplikationsergebnisse ergibt die Anzahl der Schwingungsknoten.

4.2 Vorgehensweise und Instrumente für die Modellvalidierung

Proceeding and instruments for model validation

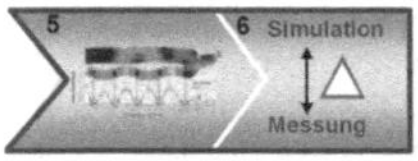

Im vorhergehenden Teilkapitel wurden die Vorgehensweise und die Instrumente zur Modellbildung in der Auslegung von Schwingerwerkzeugen für spanende Ultraschallreferenzprozesse dargelegt. Sind auf dieser Basis die finalen 3D-Modelle der Schwingerwerkzeuge erstellt, so müssen diese gefertigt und messtechnisch untersucht werden. Durch die praktische Modellvalidierung wird die Güte der erstellten Modelle und der Methode zur Modellbildung erörtert und bewertet. Die hierbei verwendeten Messmethoden werden im Folgenden detailliert erläutert. Gemessen werden die folgenden schwingungstechnischen Eigenschaften:

- Eigenfrequenz und Schwingungsform
- Anzahl und Lage der Schwingungsknoten
- Schwingungsamplituden an definierten Punkten des Schwingers

4.2.1 Methode zur Messung der Eigenfrequenzen

Method for measurement of eigenfrequencies

Die Messung der Eigenfrequenzen eines zylindrischen Festkörpers, z.B. eines Ultraschallschwingers, dient der Validierung der zuvor simulativ errechneten Eigenfrequenzen von 16 kHz bis 52 kHz. Diese können mit einem sogenannten Sonotrodenmessgerät SMG der Fa. IBFM (Bild 4-17) mit einer Genauigkeit von 0,01 kHz bestimmt werden. Das Gerät ist ein Sender-Empfänger-System. Der Sender emittiert Schallwellen mit einstellbarer Schwingungsfrequenz in das Messobjekt. Trifft die Senderfrequenz eine Resonanzfrequenz des Messobjekts, so reagiert dieses mit einer Schwingung. Der Empfänger detektiert diese Schwingungsantwort. Über das Sender- und Empfängersystem kann ausschließlich die Komponente des Vektors der Schwingungsantwort detektiert werden, die parallel zur Senderichtung steht, also orthogonal zur Messoberfläche. Longitudinale Eigenfrequenzen eines zylindrischen Messobjekts können daher besonders gut gemessen werden. Schwingungen in Querrichtung zur Messoberfläche werden nicht detektiert. Im Bild 4-17 ist dargestellt, wie die Messvorrichtung für die Messung sowohl der longitudinalen Resonanzfrequenzen als auch der Transversal-Biege-Resonanzfrequenzen eines Schwingers verwendet werden kann. Die Richtung von Sender- bzw. Empfängersignal muss immer parallel zur Schwingrichtung des in Resonanz vibrierenden Schwingers sein. Dazu muss die Biegeschwingerprobe seitlich abgestützt werden. Diese Abstützung wird an einem der berechneten Kotenpunkte positioniert, um die Resonanzschwingung möglichst nicht zu beeinflussen. Zur Messung von Eigenfrequenzen, die über 52 kHz, dem SMG-Messbereich, liegen, wird mittels der Laservibrometrie, die im Folgenden erläutert wird, die Resonanzamplitude bei Anregung in einem definierten Frequenzintervall detektiert.

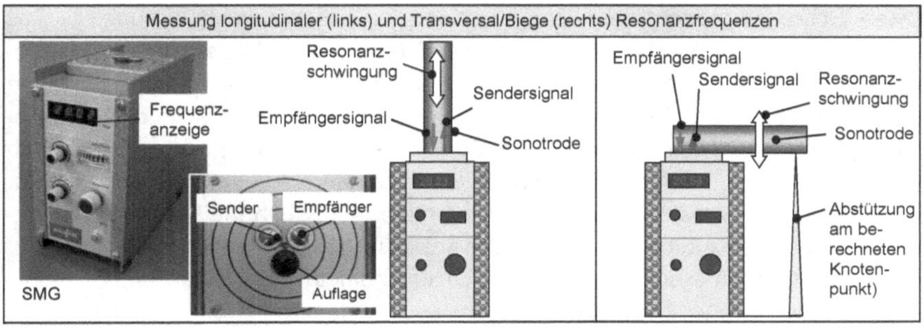

Bild 4-17: Messung von longitudinalen und Transversal-Biege-Resonanzfrequenzen

Measurement of longitudinal and transversal-flexural-resonance frequencies

4.2.2 Methode zur Messung von Schwingungsmoden und -knoten

Method for measurement of oscillation amplitudes and -nodes

Neben der Messung der Resonanzfrequenz als relevante Schwingungseigenschaft ist die Vermessung der Schwingungsform und -amplituden, der Lage der Schwingungsknoten und -bäuche sowie der Ermittlung des Übersetzungsfaktors (Verhältnis zwischen Ausgangs- und Eingangsamplitude an zwei Schwingerenden) notwendig, s. Bild 4-18.

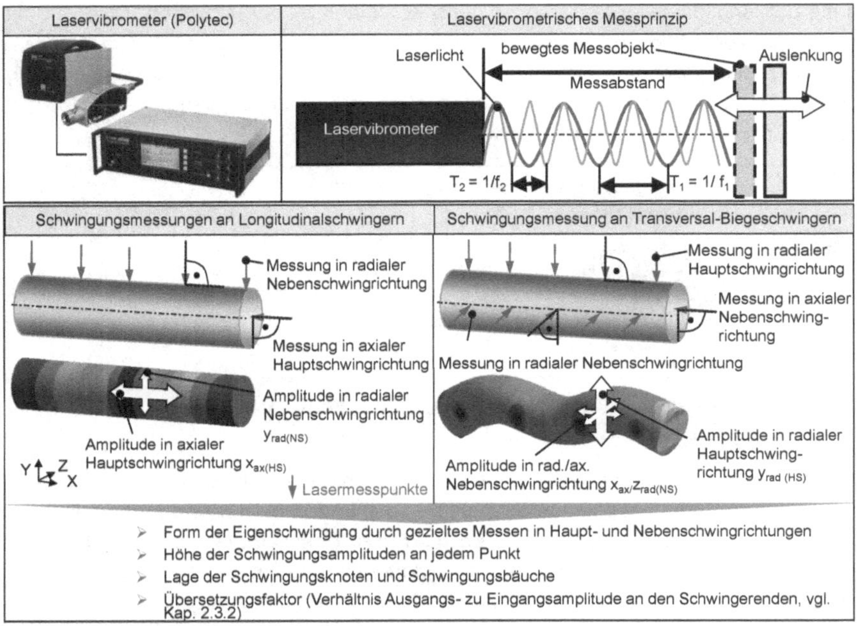

Bild 4-18: Messung der Schwingungsmoden und -knoten

Measurement of oscillation modes and nodes

Diese Schwingeigenschaften werden mittels der Laservibrometrie ermittelt. Das Laservibrometer vom Typ OFV-551 der Fa. Polytec ist ein Messsystem zur berührungslosen Messung von Schwingweiten, Geschwindigkeiten und Beschleunigungen (Bild 4-18, oben). Der Laserstrahl wird orthogonal auf die Oberfläche des Messobjekts (Schwingermodell) gerichtet. Die Oberflächenbewegung eines schwingenden Objekts verschiebt aufgrund des Dopplereffekts die Frequenz des reflektierten Laserlichts. Die Verschiebung wird im Vibrometer mit einem Interferometer ausgewertet und als sinusförmiges Spannungssignal ausgegeben. Im Bild 4-18, unten, ist die Schwingungsmessung mit einem Laservibrometer an einem stabförmigen Longitudinalschwinger und einem Transversal-Biegeschwinger dargestellt. Die Schwinger werden mit einem Schallwandler entsprechend angeregt. Die Lage und Anzahl der Lasermesspunkte ergibt sich aus der zu ermittelnden Schwingungsform, der Anzahl der Knotenpunkte etc.. Zur Ermittlung des Modes eines stabförmigen Longitudinalschwingers wird die Schwingungsamplitude in der axialen Hauptschwingrichtung $x_{ax(HS)}$ orthogonal am Schwingerende und in der radialen Nebenschwingrichtung $y_{rad(NS)}$ orthogonal zur Schwingeroberfläche entlang der Achse vermessen. Der Maximalwert der Schwingungsamplitude in Hauptschwingrichtung $x_{ax(HS)(max)}$ wird mit dem Maximalwert in Nebenschwingrichtung $y_{rad(NS)(max)}$ verglichen. Der Longitudinalmode liegt dann vor, wenn $x_{ax(HS)(max)} >> y_{rad(NS)(max)}$. Zur Bestimmung der Lage eines Schwingungsknotens des Längsmodes wird die Position von $y_{rad(NS)(max)}$ vermessen. Dies resultiert daraus, dass die periodische axiale Längsdehnung der longitudinalen Schwingungsform bei rotationssymmetrischen Bauteilen mit einer Querkontraktion bzw. einer Querdehnung, der sogenannten Atmungsschwingung in radialer Richtung verbunden ist. Die größte Amplitude der radialen Dehnung oder Kontraktion liegt bei einer stehenden Welle im Schwingungsknoten, also am Ort der größten Materialspannung (Bild 4-19) [KAPP00].

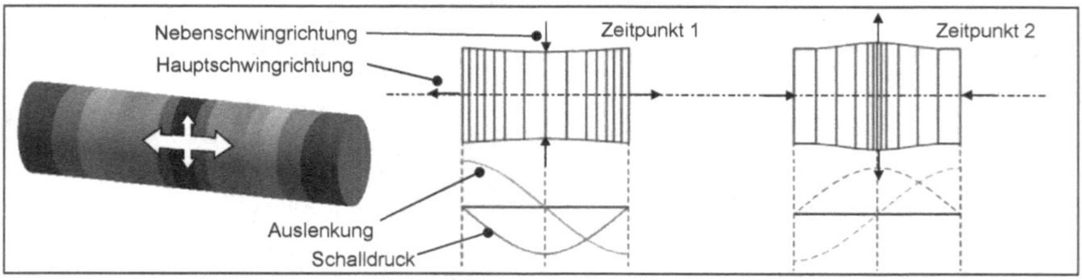

Bild 4-19: Radiale Atmungsschwingung bei einem Longitudinalmode

Radial breath-oscillation at longitudinal mode

Entsprechend werden zur Bestimmung eines Transversal-Biegemodes die Amplituden in der radialen Hauptschwingrichtung $y_{rad(HS)}$ und in axialer und radialer Nebenschwingrichtung $x_{ax}/z_{rad(NS)}$ vermessen und die Amplitudenwerte verglichen. Ist $y_{rad(HS)(max)} >> x_{ax}/z_{rad(NS)(max)}$ liegt ein Biegemode vor. Die Lage der Schwingungsknoten des Biegemodes ergeben sich aus den Positionen, an denen gilt: $y_{rad(HS)} = 0$.

5 Längsschwinger für das Ultraschallsuperfinishing

Longitudinal oscillators for the ultrasonic assisted superfinishing

Im Kapitel 4 wurde eine systematische Methode zur effizienten Modellbildung und Modellvalidierung von Schwingerwerkzeugen für ultraschallunterstützte Prozesse dargelegt. Diese wird im Folgenden anhand der Auslegung von Schwingerwerkzeugen für das ultraschallunterstützte Superfinishing als neuartiger Hybridprozess angewendet. Wichtige Zusammenhänge im Schwingerdesign werden dargelegt. Das Ultraschallsuperfinishing ist in dieser Arbeit der erste Referenzprozess. Die Überlagerung des Superfinishing mit einer Schwingung mit dem Ziel, die Prozessgrenzen signifikant zu erweitern, erfordert eine Werkzeugschwingung in Ultraschallfrequenz. Ein Stein- oder Bandwerkzeug muss daher so in ein aktives Ultraschallschwingsystem integriert werden, dass eine Übertragung der benötigten Ultraschallschwingung auf den Superfinishbelag möglich ist. Im Gegensatz zu ultraschallunterstützten, spanenden Prozessen nach dem Stand der Technik liegen die Herausforderungen hauptsächlich im Mehrkomponentencharakter der erforderlichen Schwinger:

- Die Anzahl der Einzelkomponenten des Ultraschallsystems ist höher als bei anderen spanenden Ultraschallprozessen.
- Die Austauschbarkeit des Werkzeugs muss gewährleistet sein.
- Ein schneller Verschleiß des Steinwerkzeugs kann die Frequenz des Gesamtsystems beeinflussen.
- Die Anbindung des Werkzeugs an die Sonotrode soll die Übertragung der Ultraschallwelle auf das Werkzeug gewährleisten.
- Steinwerkzeuge sind oftmals sprödhart, daher problematisch bei Eigenschwingungen.
- Eine stehende Ultraschallwelle muss in unterschiedlichen gekoppelten Materialien erzeugt werden.

5.1 Modellbildung

Modeling

In diesem Kapitel wird die Modellierung von mehrkomponentigen Longitudinalschwingern für das Ultraschallsuperfinishing beschrieben. Es werden zunächst die Anforderungen an die Schwingerwerkzeuge definiert und Basismodelle erstellt. Anschließend wird die Auslegung der Schwingeigenschaften mittels der im Kapitel 4 dargelegten Methode erläutert.

5.1.1 Anforderungen und Basismodelle

Requirements and basic models

Zur Modellierung eines Schwingerwerkzeugs für das ultraschallunterstützte Superfinishing können die Anforderungen an das Werkzeug über die im Kapitel 4.1.1 formulierten Einflussgrößen auf ein aktives Ultraschallsystem definiert werden. Wie im Bild 5-1 dargestellt dient dabei die Wirkreihenfolge als Leitpfad. Da die Forschungsarbeit zu diesem Thema auf den Ergebnissen des Verbundprojekts „Sonic-Finish - Entwicklung des ultraschallunterstützten Superfinishings" basiert, sind den Anforderungen Werte zugeordnet, die sich z.T. auf die bauraum- und maschinentechnischen Bedingungen im Projekt stützen.

Bild 5-1: Anforderungen an das ultraschallunterstützte Superfinishwerkzeug

Requirements on the ultrasonic assisted superfinishing tool

Als Referenzprozess 1 (Bild 5-2), für den die Ultraschallwerkzeuge modelliert werden sollen, dient das Superfinishing zylindrischer Präzisionsbauteile aus Stahl im Einstechverfahren mittels eines Anbaugeräts. Als Superfinishwerkzeuge sollen Stein- und Bandwerkzeuge zum Einsatz kommen. Das Ultraschallsystem soll in ein Superfinish-Anbaugerät eingebaut werden. Die konventionelle Kinematik des Anbaugerätes (niederfrequente Axialoszillation des Werkzeugs und Rotation des Werkstücks) wird dabei mit der Ultraschallschwingung des Werkzeugs überlagert. Diese pulsierend-unterstützende Werkzeugschwingung soll radial zur Werkstückoberfläche erfolgen. Dies sorgt für Mikrostoßvorgänge sowie Kontaktunterbrechungen zwischen Werkzeug und Werkstück und damit zur besseren Spülung des Werkzeugs sowie für einen höheren Abtrag bei niedrigerem Werkzeugverschleiß. Schwingrichtungen tangential oder undefiniert zum Werkstück können das Bearbeitungsergebnis negativ beeinflussen und sind unerwünscht. Die Schwingfrequenz f soll bei 19,5 kHz bis 20,5 kHz und die Schwingungsamplitude x im Bereich von ca. 12 µm bis 25 µm liegen.

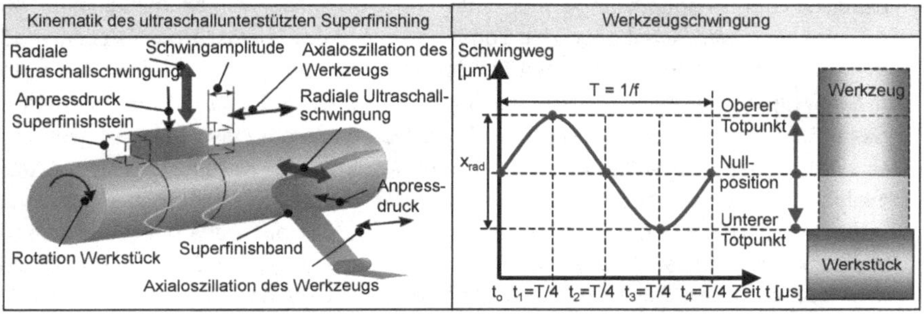

Bild 5-2: Prinzip des Ultraschallsuperfinishprozesses und Werkzeugschwingung

Principle of ultrasonic superfinish process and tool oscillation

Die Schwinggeschwindigkeit des Werkzeugs berechnet sich nach (Bild 5-2, rechts):

$$v_{WZ} = \frac{Schwingweg}{Zeit} = \frac{2 \cdot x_{rad}}{T} = \frac{2 \cdot x_{rad}}{1/f} \quad [\mu m / \mu s] \qquad \text{(Gl. 5-1)}$$

Die maximale Schwinggeschwindigkeit liegt bei einer Schwingamplitude von 25 µm und einer Schwingfrequenz von 20,5 kHz und beträgt ca. 1,025 m/s. Das Werkzeug unterbricht den Kontakt zum Werkstück also 20.500 mal pro Sekunde und hebt jeweils um 25 µm vom Werkstück ab. Diese Kontaktunterbrechung erleichtert die Zu- und Abfuhr des Kühlschmierstoffs und wirkt der schnellen Zusetzung des Werkzeugs entgegen. Bei niedrigen Ultraschallfrequenzen werden höhere Schwingamplituden (z.B. 25 µm) erreicht. Der Abtrag wird durch die Mikrostoßvorgänge erhöht, dabei die Werkstückoberfläche aber nicht tiefer als wenige µm geschädigt. Die Frequenz ist außerdem so gewählt, dass sie oberhalb der Ultraschallgrenze liegt und somit die menschliche Hörschwelle übersteigt. Mensch und Umwelt werden daher nicht negativ beeinflusst.

Um die Schwingung des Superfinishwerkzeugs radial zum Werkstück zu gewährleisten, muss es Teil eines Ultraschallwerkzeugs (Schwingerwerkzeug) sein. Dieses besteht aus einem Schwingkörper (Sonotrode) und dem Werkzeugaufsatz, der das Superfinishwerkzeug trägt. Die Sonotrode, die das Superfinishwerkzeug zu Schwingungen erregt, führt eine longitudinale Resonanzschwingung (Längsschwingung) in der gewünschten Frequenz aus. Die Sonotrode muss zudem eine amplitudenübersetzende Geometrie aufweisen, um die Amplitude des Schallwandlers auf die gewünschte Werkzeugamplitude zu übersetzen. Bei einem Schallwandler, der eine Schwingungsamplitude von 15 µm erzeugt, muss der Übersetzungsfaktor also maximal 1,7 sein, um 25 µm Schwingung am Werkzeug zu erzeugen. Aufgrund der axialen Oszillationsbewegung des Anbaugeräts ist es wünschenswert, wenn das Ultraschallsystem und somit das Schwingerwerkzeug einen geringen Bauraum einnimmt und ein geringes Gewicht (maximal 0,7 kg) hat. So kann eine zu hohe Beschleunigungskraft bei der oszillierenden Bewegung der Masse vermieden werden. Daraus folgt, dass das Ultraschallsystem aus möglichst wenigen notwendigen Einzelkomponenten zusammengesetzt wird, aus leichtem Material ist und hinsichtlich der Resonanzlänge möglichst kurz (Ultraschallwerkzeug maximal 140 mm) ausgelegt wird. Die Länge der Sonotrode soll daher einer halben Wellenlänge mit einem Schwingungsknotenpunkt bei der gewünschten Frequenz entsprechen. In der Schwingungsknotenebene soll die Sonotrode einen Flansch mit Maximaldurchmesser 66 mm besitzen. Hier kann die Sonotrode geklemmt, also gelagert, werden. Der Werkzeugaufsatz sollte so an der Sonotrode befestigt werden, dass die Ultraschallschwingung verlustarm übertragen wird. Da ein Steinwerkzeug im Gegensatz zu der Sonotrode verschleißt, sollte es so angebunden sein, dass ein Austauschen des Steins möglich ist. Ebenfalls sollte die Sonotrode für ein Bandwerkzeug die Weiterförderung des Bands nach jedem Bearbeitungszyklus nicht beeinträchtigen. Das Ultraschallwerkzeug wird durch einen Schallwandler zu Resonanzschwingungen angeregt. Die Arbeitsfrequenz des Schallwandlers muss im Bereich 19,5 - 20,5 kHz, wie diejenige der Schwinger liegen.

Nach der Definition der Anforderungen wird ein Basismodell der Ultraschallwerkzeuge erstellt. Bild 5-3 zeigt schematisch das Anbaugerät mit integriertem Ultraschallsystem. Das zu entwickelnde Kernstück ist der Schwinger mit Werkzeugaufsatz.

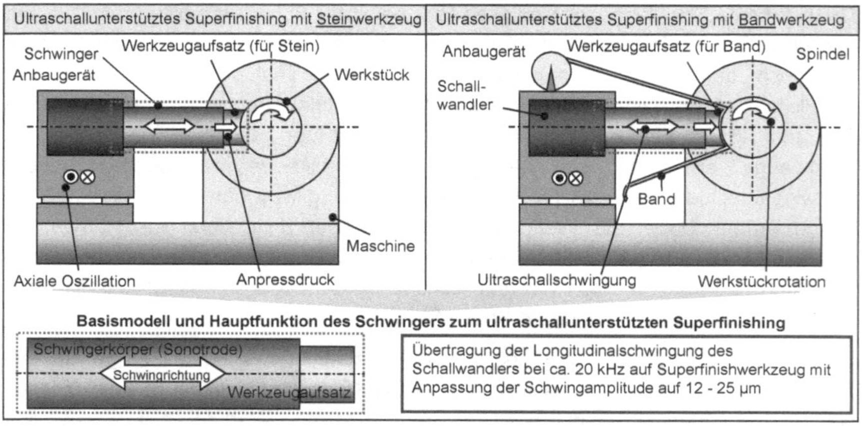

Bild 5-3: Basismodell eines Schwingers zum ultraschallunterstützten Superfinishing

Basic model of an oscillator for ultrasonic assisted superfinishing

Aus der Anforderungsdefinition ergibt sich ein Basismodell, das durch den Schallwandler angeregt eine stehende, longitudinale Ultraschallwelle im geforderten Frequenzintervall ausbildet. In einem stabförmigen Festkörper breitet sich der Schall in Form einer Dehnwelle aus. Die Schallgeschwindigkeit c_D einer Dehnwelle in einem stabförmigen Körper ist nur vom E-Modul E und der Dichte ρ_0 (vgl. Gl. 2-7) abhängig. Die Wellenlänge λ_D der Dehnwelle in einem Stab berechnet sich zu:

$$\lambda_D = \frac{c_D}{f} = \frac{\sqrt{E/\rho_0}}{f} \quad [m] \qquad \text{(Gl. 5-2)}$$

An der Grenzfläche des Stabs bewirkt eine Totalreflexion der Dehnwelle eine Überlagerung der ankommenden und der reflektierten Welle zu einer stehenden Welle. Entspricht die Anregungsfrequenz einer Eigenfrequenz des Festkörpers, ist die Amplitude der Schwingungsbäuche der stehenden Dehnwelle besonders groß; es liegt ein Längs- oder Longitudinalmode vor. Bei den zu modellierenden Schwingern handelt es sich um stabförmige Geometrien, da es zum Werkstück hin lang auskragende Werkzeuge sind. Als Startgeometrie werden daher Zylinder gewählt. Die Längen der Zylinder sind entscheidend von dem Vielfachen der Wellenlänge der stehenden Dehnwelle abhängig. Die Grenzfläche des Werkzeugs zum Werkstück sollte in einem Schwingungsbauch liegen, damit an der Wirkzone die größte Schwingungsamplitude vorliegt.

Bild 5-4, links, zeigt die Längen von zylinderförmigen Längsschwingern mit jeweils zwei freien Reflexionsenden in Abhängigkeit vom Vielfachen der Wellenlänge n*λ. Je nach gewähltem Vielfachen der Wellenlänge entstehen entsprechend viele Schwingungsknotenstellen, die für Lagerungszwecke genutzt werden können. Die Länge eines Schwingerwerkzeugs ist von folgenden Faktoren abhängig:

- Vielfaches der Wellenlänge
- Schwingermaterial
- Ultraschallfrequenz

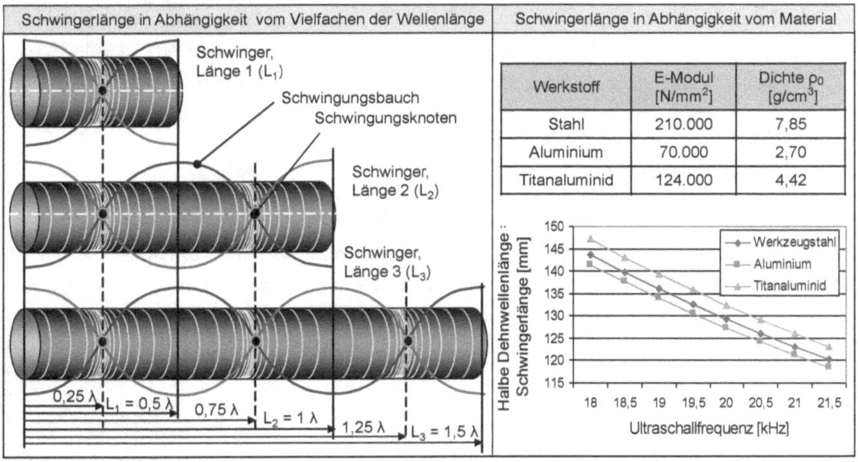

Werkstoff	E-Modul [N/mm²]	Dichte ρ_0 [g/cm³]
Stahl	210.000	7,85
Aluminium	70.000	2,70
Titanaluminid	124.000	4,42

Bild 5-4: Schwingerlängen in Abhängigkeit vom Wellenlängenfaktor und vom Material

Oscillator lengths depending on wave lengths factors and material

Für die Schwingerwerkzeuge zum Ultraschallsuperfinishing ist eine longitudinale Resonanzfrequenz von 19,5 kHz bis 20,5 kHz gefordert sowie ein möglichst geringes Gewicht und ein geringer Bauraum. Daher wird als kleinstes mögliches Vielfaches der Wellenlänge 0,5 λ mit zwei freien Reflexionsenden für alle Schwinger gewählt. Die Wellenlänge der stehende Ultraschallwelle und damit die Schwingerlänge hängt bei gegebener Frequenz vom Elastizitätsmodul und der Dichte des Schwingermaterials ab (Bild 5-4, rechts). Für herkömmliche Ultraschallsysteme üblicherweise verwendete Materialien sind z.B. Stahl, Aluminium oder Titanlegierungen. Als Materialien für die Schwingerkörper innerhalb dieser Arbeit wurden Stahl- und Aluminiumwerkstoffe gewählt. Diese haben bei einer definierten Frequenz die geringere Schwingerlänge.

Bild 5-5 zeigt das Basismodell für ein Schwingerwerkzeug für das Superfinishing mit Ultraschall. Das stabförmige Modell hat eine Länge, die der halben Wellenlänge bei der geforderten Schwingfrequenz im Longitudinalmode, abhängig vom verwendeten Schwingermaterial Stahl oder Aluminium, entspricht. Daher ist eine Lagerebene in dem einzigen Schwingungsknotenpunkt vorhanden. Der Schwinger verjüngt sich zum Werkzeug hin, um die Schallwandleramplitude zu verstärken.

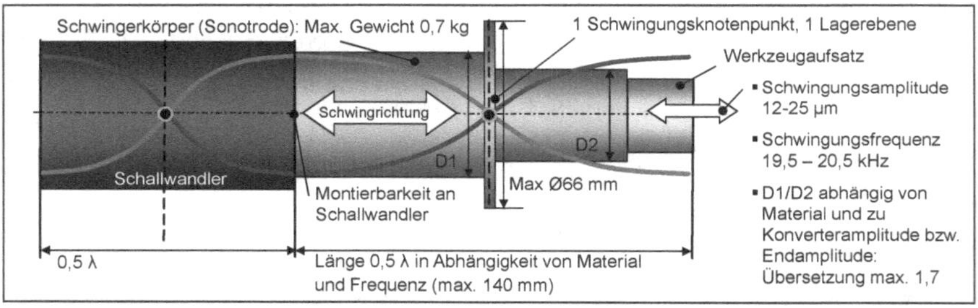

Bild 5-5: Basismodell des Schwingungssystems zum ultraschallunterstützten Superfinishing
Basic model of oscillation system for ultrasonic assisted superfinishing

5.1.2 Bestimmen der Materialkennwerte
Determination of material parameters

Nach der im Kapitel 4.1.2 beschriebenen Methode werden die für die Auslegung der Schwingeigenschaften mit der FEM notwendigen Materialkennwerte bestimmt. Das Basismodell des longitudinalen Schwingers besteht aus Sonotrode und Werkzeugaufsatz. Daher sind das Sonotroden-, das Werkzeugaufsatz- und das Werkzeugmaterial bzw. -materialverbund für die Berechnung relevant. Als Sonotrodenmaterialien kommen zum Einsatz:

- Stahl
- Aluminium

Stahl hat eine hohe Festigkeit, Aluminium eine geringe Dichte. Zudem sind beide Materialien im Vergleich zu Titanaluminid kostengünstig. Es lassen sich mit beiden Materialien geringe Schwingerlängen erreichen. Als Superfinishsteinwerkzeuge kommen zum Einsatz:

- Keramisch gebundene Superfinishsteine
- Metallisch gebundene Superfinishleisten

Die keramisch gebundenen Superfinishsteine besitzen eine Körnung aus Edelkorund (Al_2O_3) oder Siliciumkarbid (SiC) mit Korngrößen von 5 µm bis 17 µm. Die keramische Bindung wird aus Kaolin, Feldspat, Quarz und Borsilikaten aufgebaut. Die metallisch gebundenen Superfinishleisten bestehen aus Diamantkörnern der Korngröße ca. 2 µm, die in Bronze gebunden sind.

Weiterhin werden Superfinishbandwerkzeuge eingesetzt. Allerdings fließen diese nicht in die Berechnung der Schwingerwerkzeuge mit ein, weil die Bänder im Prozess über den entsprechenden Werkzeugaufsatz gespannt werden und daher nicht als Zusatzmasse zum Schwingerwerkzeug zählen.

5.1.3 Modellierung des longitudinalen Schwingverhaltens

Modeling of longitudinal oscillation behaviour

Die Basismodelle oder Startgeometrien der Schwinger werden mittels des im Kapitel 4.1.3 beschriebenen automatischen Berechnungs- bzw. Optimierungsprogramm bis zum finalen Modell detailliert. Zur Modellierung des longitudinalen Schwingverhaltens der Schwingerwerkzeuge wird die Modalanalyse für den ungedämpften Fall angewendet. Als Startgeometrien werden die im Bild 4-7 dargestellten zylindrischen Stufengeometrien mit und ohne Lagerflansch entsprechend dem Basismodell gewählt. Zur Bestimmung der Länge der Startgeometrie der Sonotrode (d+j+c+m) wird zunächst mit den gemessenen Materialkennwerten E-Modul und Dichte der gewählten Stahl- und Aluminiumwerkstoffe und der Gleichung 2-6 die halbe Wellenlänge der Dehnwelle bei der gewünschten Frequenz von ca. 20 kHz berechnet. Hierbei wird in der überschlägigen Berechnung die Länge des Werkzeugaufsatzes als Teil der Sonotrode angenommen. Die Startlänge der Sonotrode (d+j+c+m) wird entsprechend 1 mm bis 5 mm kürzer angesetzt. Die Durchmesser a und b sind einerseits abhängig von der Schallwandlerkontaktfläche (a < Schallwandlerkontaktfläche), andererseits vom gewünschten Übersetzungsfaktor, der nicht größer als maximal 1,7 sein soll ($\pi(a/2)^2 / \pi(b/2)^2 < 1{,}7$).

Nach Definition der Startgeometrieparameter der Sonotrode werden im Programm die messtechnisch ermittelten Materialparameter für den gewählten Stahl- oder Aluminiumwerkstoff eingegeben. Zur Modellierung des Werkzeugaufsatzes mit einem Superfinishstein wird eine Zusatzmasse, die sich aus dem Volumen und der Dichte des verwendeten Superfinishsteins bzw. der Steinbefestigung (Schrauben etc.) ergibt, bestimmt. Die Dichte der Superfinishsteine wird ebenfalls messtechnisch bestimmt. Alle Elemente des Ultraschallwerkzeugs werden im Modell als fest miteinander verbunden angenommen, also als ein einziger Schwingkörper mit unterschiedlichen Material- und Geometriebereichen. Anschließend wird das FE-Netz generiert.

Dann werden die schwingungstechnischen Anforderungen definiert, die das Ultraschallwerkzeug nach automatisch-iterativer Optimierung der Startgeometrie erfüllen soll. Dazu gehören: Eine Eigenfrequenz bei 19,5 – 20,5 kHz mit longitudinalem Eigenmode, ein Schwingungsknoten in der Lagerebene, definierte Schwingungsamplituden an den zwei Ultraschallwerkzeugenden, die den Übersetzungsfaktor bestimmen, und möglichst geringe Spannungen im Gesamtmodell. Das Berechnungsprogramm passt die zur Optimierung ausgewählten Geometrieparameter, hier die Länge, an. Anschließend werden die Ergebnisse der automatischen Optimierung bewertet.

Das so (vor-) optimierte Geometriemodell wird anschließend einer Feinberechnung mit dem FEM-Programm unterzogen. So werden geometrische Details wie Schlüsselflächen, Gewinde, Fasen, Schrauben etc., die nicht in der Startgeometrie des Optimierungsprogramms abgebildet wurden, mitberechnet.

5.1.4 Modellierung und Validierung des Temperaturverhaltens

Modeling and validation of temperature behaviour

Die Temperatur eines Ultraschallwerkzeugs kann sich durch innere und äußere Einflüsse verändern. Innere Einflüsse sind z.B. Reibungsvorgänge innerhalb der Materialstruktur durch die Resonanzschwingung. Äußere Einflüsse sind z.B. die Reibung an den Schnittstellen zwischen den Ultraschallwerkzeugelementen durch die Resonanzschwingung, Wärmeübertragung von den hochfrequent schwingenden Piezoelementen des Schallwandlers oder die Reibung des Werkzeugs an der Werkstückoberfläche. Die Materialkennwerte Dichte, E-Modul etc. sind temperaturabhängig. Die Schwingeigenschaften eines Schwingkörpers sind material- und damit auch temperaturabhängig. Dies kann beim Betrieb eines Ultraschallsystems unerwünschte Verstimmungen des Systems hervorrufen.

Da es bisher im Stand der Technik keine Untersuchungen dazu gibt, wird der Einfluss einer Temperaturerhöhung auf die Schwingeigenschaften von Längsschwingern aus zwei unterschiedlichen Materialien theoretisch und messtechnisch untersucht. Die für die Schwingungsanalyse relevanten Materialkennwerte sind die Dichte, der E-Modul und die Querkontraktionszahl. Die Temperaturabhängigkeit der Querkontraktionszahl wird vernachlässigt nach [RICH83]. Im Folgenden wird am Beispiel eines stabförmigen Längsschwingers (Bild 5-6) theoretisch hergeleitet, wie sich die Dichte und der E-Modul mit einer Temperaturerhöhung ändern, und welchen Einfluss dies auf die Hauptkennwerte des Schwingverhaltens, die Resonanzfrequenz und die Schwingungsamplitude eines Längsmodes, hat. Die hier auftretende Wellenlänge entspricht der Dehnwellenlänge λ_D.

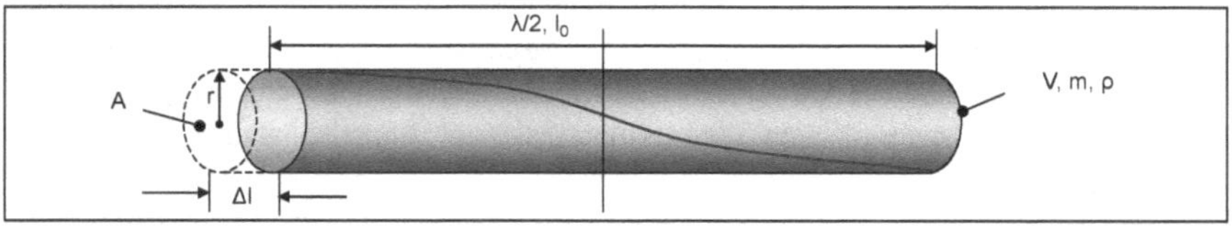

Bild 5-6: Dehnung eines stabförmigen Längsschwingers bei Temperaturerhöhung

Extension of a rode shaped longitudinal oscillator with temperature increase

Die Dichte des Schwingers beträgt bei Raumtemperatur ϑ_0:

$$\rho_0 = \frac{m}{V_0} \quad [kg/m^3] \quad mit\ V_0 = A \cdot l_0\ und\ A = \pi \cdot r^2 = konst. \qquad \text{(Gl. 5-3)}$$

Hier wird die Grundfläche A als konstant angenommen. Diese Annahme ist gültig, da bei langen Stäben die radiale Ausdehnung, verglichen mit der Längenänderung des Stabs, vernachlässigbar klein ist. Mit Temperaturerhöhung dehnt sich der Stab um Δl aus, das Volumen wird größer, die Masse bleibt konstant. Die Dichte wird also kleiner. Für die temperaturabhängige Dichte folgt:

$$\rho(\vartheta) = \frac{m}{V(\vartheta)} = \frac{m}{A(l_0 + \Delta l)} \quad [kg/m^3] \quad mit\ m = konst. \qquad \text{(Gl. 5-4)}$$

Der E-Modul beschreibt das Verhältnis zwischen Spannung und Dehnung. Mit zunehmender Temperatur kommt es zur Längenzunahme Δl der Sonotrode und somit zu einer Abnahme des E-Moduls.

$$E(\vartheta) = \frac{\sigma}{\varepsilon} = \frac{F \cdot l_0}{A \cdot \Delta l} \quad [N/mm^2] \qquad \text{(Gl. 5-5)}$$

Es ist anzunehmen, dass mit zunehmender Temperatur die Resonanzfrequenz abnimmt. Dies wird im Folgenden theoretisch hergeleitet. Für die Resonanzfrequenz der Sonotrode bei Raumtemperatur ϑ_0 gilt:

$$f_0 = \frac{c_0}{\lambda_0} = \frac{1}{\lambda_0}\sqrt{\frac{E_0}{\rho_0}} \quad [Hz] \qquad \text{(Gl. 5-6)}$$

Unter Berücksichtigung der Temperaturabhängigkeit der Dichte, des E-Moduls und der Wellenlänge gilt für die Temperaturabhängigkeit der longitudinalen Eigenfrequenz des stabförmigen Schwingers:

$$f(\vartheta) = \frac{c(\vartheta)}{\lambda(\vartheta)} = \frac{1}{\lambda(\vartheta)}\sqrt{\frac{E(\vartheta)}{\rho(\vartheta)}} = \frac{1}{\lambda(\vartheta)}\sqrt{\frac{F \cdot l_0}{A \cdot \Delta l \cdot \rho(\vartheta)}} \qquad \text{(Gl. 5-7)}$$

Mit $\lambda(\vartheta) = 2(l_0 + \Delta l)$ ergibt sich:

$$f(\vartheta) = \frac{1}{2(l_0 + \Delta l)}\sqrt{\frac{F \cdot l_0 \cdot A \cdot (l_0 + \Delta l)}{A \cdot \Delta l \cdot m}} \Leftrightarrow f(\vartheta) = \sqrt{\frac{F \cdot l_0}{4 \cdot \Delta l \cdot m}} \cdot \frac{\sqrt{l_0 + \Delta l}}{l_0 + \Delta l} \qquad \text{(Gl. 5-8)}$$

$$f(\vartheta) = \sqrt{\frac{E(\vartheta) \cdot A}{4 \cdot m}} \cdot \frac{\sqrt{l_0 + \Delta l}}{l_0 + \Delta l} \qquad \text{(Gl. 5-9)}$$

Mit dem Temperaturausdehnungskoeffizient des Materials $\alpha = \frac{\Delta l}{l_0 \cdot \Delta \vartheta}$ ergibt sich:

$$f(\vartheta)=\sqrt{\frac{A}{4m}}\sqrt{E(\vartheta)}\cdot\frac{\sqrt{l_0(1+\alpha\cdot\Delta\vartheta)}}{l_0(1+\alpha\cdot\Delta\vartheta)} \qquad \text{(Gl. 5-10)}$$

Hieraus wird ersichtlich, dass der Zählergrad des Bruchs kleiner ist als der Nennergrad. Das bedeutet, dass bei Zunahme der Temperatur der Nennerterm schneller wächst als der Zählerterm. Somit wird der Bruch bei Zunahme der Temperatur kleiner. Da auch der E-Modul mit zunehmender Temperatur kleiner wird, nimmt die Resonanzfrequenz mit zunehmender Temperatur ab. Durch Gleichung 5-10 wird die theoretische Frequenzänderung eines annähernd stabförmigen Längsschwingers mit der Temperaturerhöhung rein qualitativ beschrieben. Je komplexer die Geometrie eines stabförmigen Längsschwingers, desto höher wird die quantitative Abweichung zwischen berechneter Frequenz und tatsächlicher Frequenz.

Im folgenden wird theoretisch hergeleitet, dass mit zunehmender Temperatur die Schwingungsamplitude des Schwingers zunimmt. Dieser Zusammenhang lässt sich mit der thermischen Ausdehnung der metallischen Materialien erklären. Bei einem Festkörper führen die Atome Schwingungen um ihre „Sollposition" im Kristallgitter aus. Beim Federmodell wird angenommen, dass die Atome im Kristallgitter durch elektrische Kräfte elastisch festgehalten werden und dass diese um eine Gleichgewichtslage schwingen können. Mit zunehmender Temperatur wachsen die Energie der Bewegung der Atome und somit auch die Schwingungsamplitude.

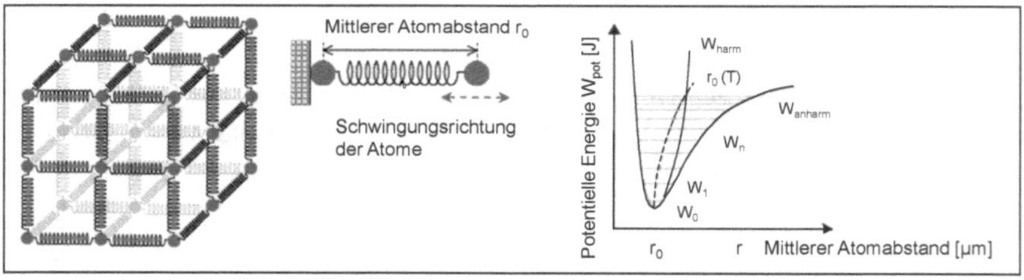

Bild 5-7: Energiepotential zwischen zwei Atomen eines Kristallgitters [RÖSL08]

Energy potential between two atoms of crystal lattic

Wie aus Bild 5-7 ersichtlich, nimmt der Atomabstand für größer werdende Energien, d.h. bei Zunahme der Temperatur, zu. Der Festkörper dehnt sich also aus (thermische Ausdehnung). Wenn zusätzlich zu den inneren Kräften und der äußeren Energiezufuhr weitere äußere Kräfte infolge von Longitudinalschwingungen hinzukommen, verändert sich der Atomabstand noch stärker, so dass es zu einer größeren Verformung des Materials kommt.

Um die Abnahme der Resonanzfrequenz und Zunahme der Schwingungsamplitude eines stabförmigen Längsschwingers bei Temperaturerhöhung zu evaluieren, wurde folgendermaßen vorgegangen:

Zunächst wurden die Materialkennwerte eines Stahl- (9SMn28) und eines Aluminiummaterials (AlZnMgCu1.5) bei Raumtemperatur 20 °C messtechnisch bestimmt. Diese Werte wurden dann verwendet, um zwei vollzylindrisch-stabförmige Testsonotroden aus Stahl und Aluminium simulativ auf eine Resonanzfrequenz bei Raumtemperatur (20 °C) von ca. 20 kHz mit longitudinalem Schwingungsmode und einer Schwingungsknotenstelle auszulegen. Weiterhin weisen die Testsonotroden an einem Ende ein Gewindesackloch auf, um die Montierbarkeit für anschließende Prüfstandsuntersuchungen zu ermöglichen. Bild 5-8 zeigt die Geometrien sowie die Berechnungsergebnisse der Testsonotroden.

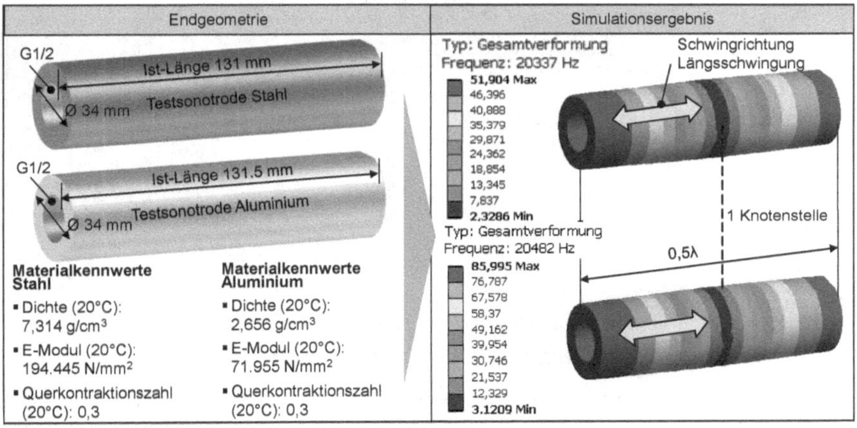

Bild 5-8: Endgeometrien und Simulationsergebnisse der Testsonotroden

End geometries and simulation results of test sonotrodes

Nach Fertigung der Testsonotroden wurden die Dichte und der E-Modul in Abhängigkeit von der Sonotrodentemperatur messtechnisch bestimmt. Dabei wurden die Sonotroden im Ofen von 20 °C - 100 °C in 10 °C-Schritten erwärmt und die Daten nach jedem Schritt ermittelt.

Bild 5-9, links zeigt die Messergebnisse für beide Materialien. Die Dichte sinkt bei einer Temperaturerhöhung der Sonotrode von 20 °C auf 100 °C um 0,82 % bei Stahl und um 0,79 % bei Aluminium. Der E-Modul sinkt bei gleicher Temperaturerhöhung um 2,4 % bei Stahl und um 5,2 % bei Aluminium und hat damit den höheren Einfluss auf die Änderung der Schwingeigenschaften.

Weiterhin wurden die Schwingeigenschaften der Testsonotroden in Abhängigkeit von der Temperatur vermessen. Bild 5-9, rechts zeigt die Messergebnisse für beide Materialien. Die Frequenz der Stahl-Testsonotrode sinkt um 1,3 % und die der Aluminium-Testsonotrode um 1,4 % (Abweichung zur Berechnung mit der Gleichung 5-10 beträgt hier maximal 1,9 %). Die Schwingungsamplitude steigt bei der Stahl-Testsonotrode um 25,9 % und bei der Aluminium-Testsonotrode um 45,6 % an.

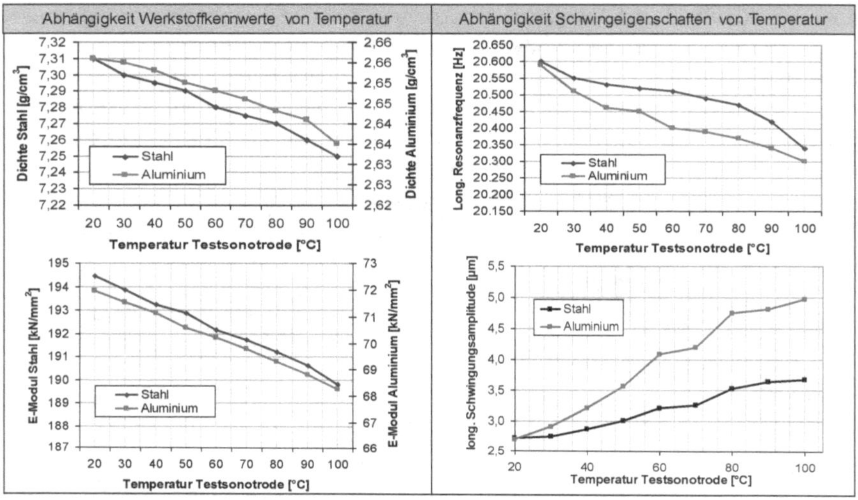

Bild 5-9: Messwerte Temperaturabhängigkeit von Material und Schwingverhalten

Measurement data temperature dependency of material and oscillation properties

Die Annahmen, dass bei Längsschwingern mit Änderung der Schwingertemperatur die Resonanzfrequenz sinkt und die Schwingungsamplitude steigt, sind somit bestätigt. Die prozentuale Änderung der Amplitude ist dabei größer als die der Frequenz. Je nach Bearbeitungsprozess, bei dem ein Ultraschallsystem eingesetzt wird, sollten diese Effekte daher beachtet werden. Die möglichen auftretenden Temperaturen im Prozess und insbesondere im Schwingersystem sollten bestimmt und die Systemfrequenz bzw. die Amplituden entsprechend angepasst werden. Alternativ muss das System gekühlt werden.

5.1.5 Modellbeispiele

Model examples

In diesem Kapitel werden berechnete Modellbeispiele von Längsschwingern für das Ultraschallsuperfinishing mit Stein- und Bandwerkzeugen unterschiedlicher Materialien mit Resonanzfrequenzen im Intervall von 19,5 kHz bis 20,5 kHz vorgestellt (Bild 5-10 und Bild 5-11). Sie sollen Möglichkeiten aufzeigen, wie Schwingerwerkzeuge für das Ultraschallsuperfinishing konstruiert werden können. Links in den Bildern sind die Konstruktionen mit den Hauptdimensionen und dem Gesamtgewicht des Längsschwingermodells und die Materialien der verwendeten Komponenten von Sonotrode und Werkzeugaufsatz dargestellt. Das Gesamtgewicht der Modelle ist nach Anforderung aus dem Basismodell nicht größer als 0,7 kg. Die Modelle sind mit einem Gewindeanschluss an den ausgewählten Schallwandler montierbar. Zudem sind die Vernetzungs- und Fixierungsbedingungen zu sehen, die in der manuellen Endberechnung, nach iterativer Optimierung mit dem Berechnungsprogramm, genutzt wurden. Als Zielvorgaben der geometrischen Schwingeroptimierung im

Berechnungsprogramm wurden die Frequenz im Bereich 19,5 kHz - 20,5 kHz, der Längsschwingungsmode mit einem Schwingungsknoten sowie ein Übersetzungsfaktor von maximal 1,7 angenommen. Zur Endberechnung der Modelle wurde eine tetraedrische Vernetzung mit einer Elementgröße von durchschnittlich 2 mm vorgenommen. So ergeben sich ca. 65 Elemente auf die Modelllänge. Rechts in den Bildern sind die jeweiligen Berechnungsergebnisse gezeigt. Rechts oben ist die Gesamtverformung des Längsschwingermodells dargestellt. Rechts unten sind jeweils die Verschiebungen in X-Richtung, also der axialen Hauptschwingrichtung, und in Z-Richtung, der radialen Nebenschwingrichtung, zu sehen. Hierbei sind die Zahlenwerte in den Farbskalen rein qualitative Verformungswerte, die zueinander ins Verhältnis gesetzt werden können, um den Übersetzungsfaktor zu bestimmen. Die relevanten Berechnungsergebnisse sind:

- Resonanzfrequenz (Zielvorgabe: 19,5 - 20,5 kHz)
- Eigenmode (Zielvorgabe: Längsmode)
- Anzahl und Position der Schwingungsknoten (Zielvorgabe: 1 Knoten)
- Übersetzungsfaktor (Zielvorgabe: maximal 1,7)

Alle Modelle sind als $\lambda/2$-Schwinger ausgelegt. Daher ergibt sich deren Gesamtlänge aus der Berechnung der halben Dehnwellenlänge mit den individuell gemessenen Materialkennwerten des Schwingers in Kombination mit den Werkzeugaufsätzen mit anschließender Feinabstimmung durch Einbeziehung aller konstruktiven Details. Sie verfügen über einen Schwingungsknotenpunkt der Längsschwingung, an dem die Auslenkung in Hauptschwingrichtung minimal wird. An dem Knotenpunkt ist daher jeweils ein Lagerflansch angebracht. Graphisch lässt sich die Position des Schwingungsknotens einerseits durch die Verschiebung in X-Richtung darstellen. Am Knotenpunkt ist die Verschiebung gleich null, als Übergang zwischen negativer Auslenkung in -X und positiver Auslenkung in +X-Richtung. Andererseits ist die Position des Schwingungsknoten auch in der Verschiebung in Z-Richtung abbildbar. Der Schwingungsknoten liegt im Bereich der maximalen Auslenkung in Z-Richtung (Atmungsschwingung). Bild 5-10 zeigt beispielhaft die Konstruktion und die Berechnungsergebnisse der Schwingeigenschaften für zwei Längsschwingermodelle für das Ultraschallsuperfinishing mit Steinwerkzeugen.

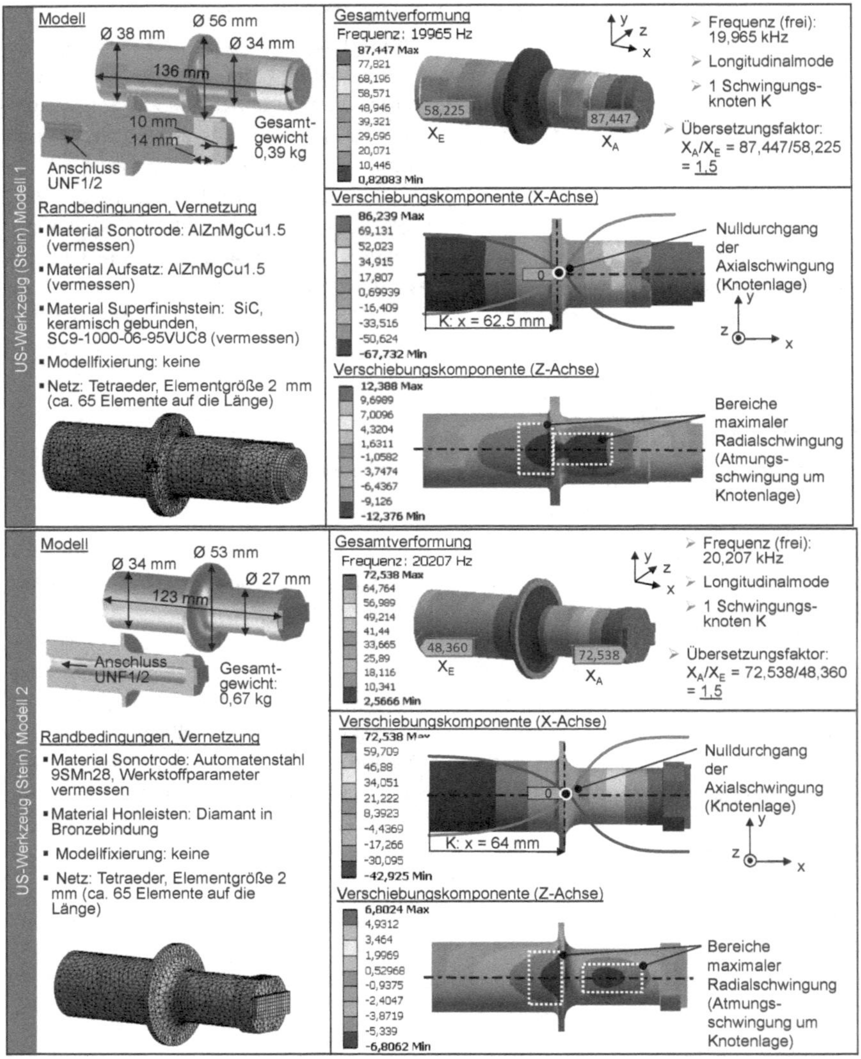

Bild 5-10: Werkzeugmodelle für das ultraschallunterstützte Superfinishing mit Stein

Tool models for ultrasonic assisted superfinishing with stone

Modell 1 besteht aus einem zylindrischen Sonotrodengrundkörper aus dem Aluminiummaterial AlZnMgCu1.5, einem zylindrischen Werkzeugaufsatz desselben Materials und einem zylindrischen Superfinishstein mit Siliciumcarbidkörnung in keramischer Bindung. Der Schwingungsknoten liegt bei x = 62,5 mm. Der Werkzeugaufsatz, bestehend aus Stein und Steinsitz, ist durch eine Schraubverbindung mit dem Grundkörper verbunden. So kann eine definierte Vorspannung durch Einstellen des

Anzugsmoments hergestellt und der gesamte Werkzeugaufsatz ausgetauscht werden. Der Stein ist in den Sitz geklemmt und zusätzlich mit einem Epoxidharz verklebt. Er ist rotationssymmetrisch, so dass eine zusätzliche Winkelausrichtung um die X-Achse (Werkzeugachse) nach (De-)Montage des Werkzeugaufsatzes nicht notwendig ist. Die Resonanzfrequenz des Längsmodes liegt bei 19,965 kHz. Der Übersetzungsfaktor liegt mit 1,5 unter dem vorgegebenen Maximalwert.

Modell 2 besteht aus einem zylindrischen Sonotrodengrundkörper aus Automatenstahl und aus aufgelöteten, metallgebundenen Superfinishleisten mit Diamantkörnung. Der Schwingungsknoten liegt bei x = 64 mm. Dieses Modell kann mit und ohne einen separaten Werkzeugaufsatz, auf den die Superfinishleisten aufgelötet werden, ausgeführt werden. Eine direkte Lötung auf dem Sonotrodenkörper vermeidet eine zusätzliche schalldämpfende Schnittstelle. Allerdings muss bei Verschleiß der Leisten (die wesentlich langsamer verschleißen als die keramisch gebundenen SiC-Superfinishsteine) die gesamte Sonotrode getauscht werden. Durch eine Schraubverbindung zwischen Sonotrodenkörper und Werkzeugaufsatz mit Leisten ist eine schnellere Austauschbarkeit gewährleistet. Die Resonanzfrequenz liegt bei 20,207 kHz im Längsmode, der Übersetzungsfaktor ebenfalls bei 1,5.

Bild 5-11 zeigt beispielhaft die Konstruktion und die Berechnungsergebnisse der Schwingeigenschaften für zwei Längsschwingermodelle aus AlZnMgCu1.5 für das Ultraschallsuperfinishing mit Bandwerkzeugen. Modell 1 besteht aus einem zylindrischen Sonotrodengrundkörper und einem zylindrischen Werkzeugaufsatz. Der Werkzeugaufsatz ist zentriert mit dem Grundkörper verschraubt. So können eine definierte Vorspannung durch Einstellung des Anzugsmoments hergestellt und der gesamte Werkzeugaufsatz jederzeit ausgetauscht werden. Auf der Oberfläche des Werkzeugaufsatzes sind die Fläche und der Radius des zu bearbeitenden zylindrischen Werkstücks so abgebildet, dass sich ein Umschlingungswinkel von ca. 65° und somit eine Auflagefläche des Superfinishbands auf der zylindrischen Werkstückoberfläche (hier z.B. Werkstückradius 7,5 mm) von ca. 18 % ergibt. Die Vorgaben zum Umschlingungsgrad ergeben sich aus dem konventionellen Superfinishprozess, dem vorgegebenen Anpressdruck etc. und können je nach Werkstück angepasst werden. Der Werkzeugaufsatz ist so durch Drehung um die Sonotrodenachse einstellbar, dass Werkstückachse und Auflagefläche am Werkzeugaufsatz parallel sind. Die Resonanzfrequenz liegt bei 20,440 kHz im Längsmode. Die berechnete Position des Schwingungsknoten ist x = 65 mm, der Übersetzungsfaktor 1,56. Modell 2 besteht aus einem zylindrischen Sonotrodengrundkörper und einem damit verschraubten Werkzeugaufsatz. Auf der Oberfläche des Werkzeugaufsatzes sind die Fläche und der Radius des zu bearbeitenden zylindrischen Werkstücks so abgebildet, dass sich ein definierter Umschlingungswinkel von ca. 26° Grad und somit eine definierte Auflagefläche des Superfinishbands auf der Werkstückoberfläche ergibt. Der Werkzeugaufsatz ist durch Drehung des Sonotrodenkörpers um dessen Achse einstellbar, so dass die Parallelität zwischen Werkstückachse und Auflagefläche am Werkzeugaufsatz gewährleistet werden kann. Im Gegensatz zu Modell 1 ist diese Einstellung zwar aufwändiger. Aber wegen fehlender Montageschrauben direkt am Werkzeugaufsatz wird die Schallschwingung nicht gestört; das Auftreten einer ratternden Zusatzschwingung ist minimiert. Die Resonanzfrequenz liegt bei 19,676 kHz im Längsmode, der Schwingungsknoten bei x = 62,5 mm und der Übersetzungsfaktor bei 1,4.

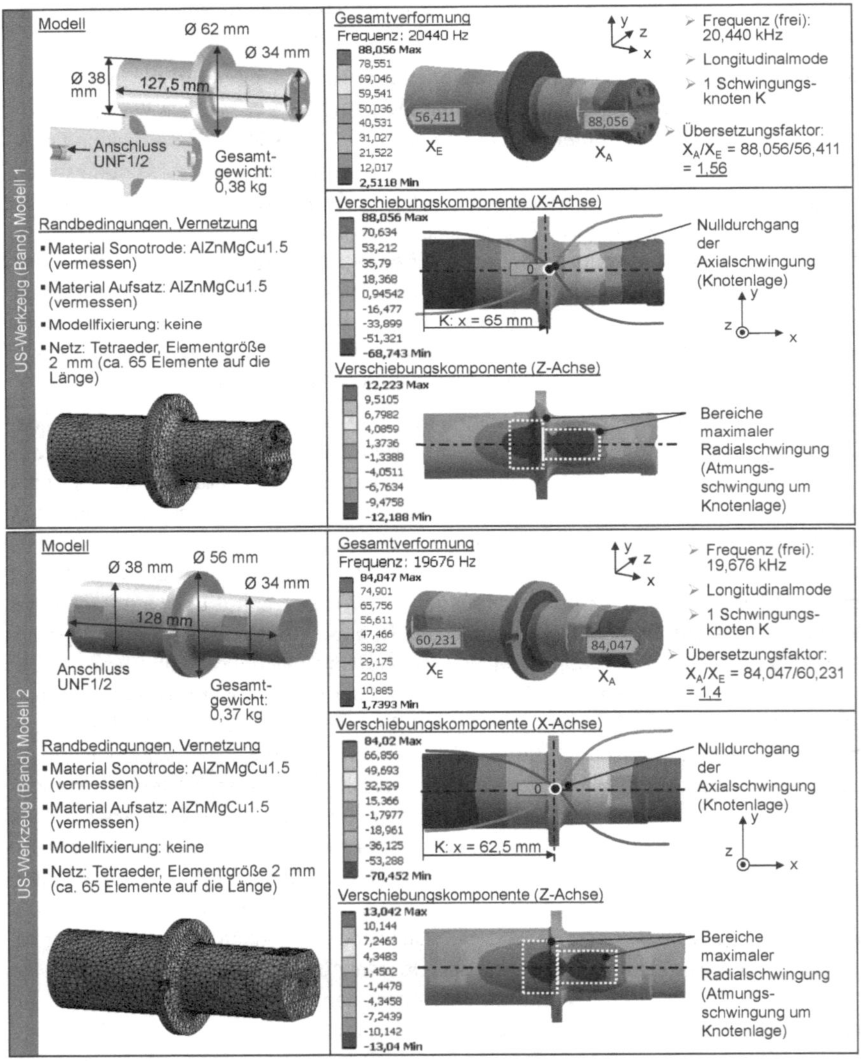

Bild 5-11: Werkzeugmodelle für das ultraschallunterstützte Superfinishing mit Band

Tool models for ultrasonic assisted superfinishing with tape

5.2 Modellvalidierung

Model validation

Mit der Modellvalidierung wird die Güte der Berechnung der Schwingerwerkzeuge anhand von Prüfstandsuntersuchungen ermittelt. Dazu wurden die Modellbeispiele aus dem vorherigen Kapitel gefertigt, geeignete Prüfstände aufgebaut und die berechneten Schwingeigenschaften experimentell untersucht.

5.2.1 Aufbau geeigneter Prüfstände

Assembly of test benches

Die Schwingungseigenschaften der Ultraschallwerkzeugmodelle, die messtechnisch untersucht wurden, sind die Resonanzfrequenz, die Schwingungsamplituden, der Eigenmode und die Anzahl und Position der Schwingungsknoten. Die Resonanzfrequenzen der gefertigten Modelle, die laut Rechnung im Bereich um 19,5 kHz bis 20,5 kHz liegen, wurde mit der im Kapitel 4.2.1 erläuterten Methode zur Messung von Eigenfrequenzen mit dem SMG ermittelt. Der Eigenmode, die Anzahl und die Position der Schwingungsknoten der Modellbeispiele wurden mit dem im Bild 5-12 dargestellten Messaufbau durch Laservibrometrie bestimmt: Durch einen Frequenzgenerator kann eine Frequenz im Ultraschallbereich und eine Wechselspannung mit bis zu 10 Vpp vorgegeben werden. Die Spannung wird über einen Verstärker mit einem Faktor 100 verstärkt. Diese wird in einen piezoelektrischen Schallwandler eingespeist. Dieser weist ohne Anschluss eines Ultraschallwerkzeugs, also im Leerlauf, bei einer bestimmten Spannungsvorgabe eine definierte Amplitude in Längsrichtung auf. Die Resonanzfrequenz des Schallwandlers liegt ohne Anschluss der Zusatzmasse eines Ultraschallwerkzeugs bei ca. 20 kHz. An den Schallwandler wird das Modell angeschraubt.

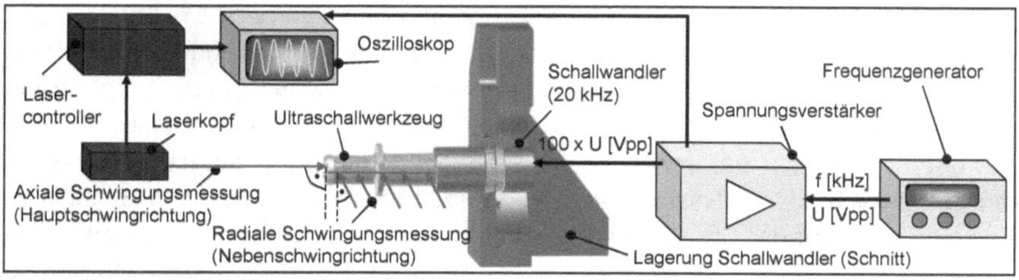

Bild 5-12: Prüfstand zur Messung der Schwingeigenschaften der Ultraschallwerkzeuge

Test bench for oscillation measurement of ultrasonic tools

Der Schallwandler regt das Modell zu Längsschwingungen an. Die Schwingungsamplituden wurden orthogonal auf der Oberfläche des Werkzeugmodells an Messpunkten in axialer Hauptschwingrichtung und in radialer Nebenschwingrichtung mit dem Laservibrometer detektiert und am Oszilloskop ausgewertet. Dabei wurden die Messwerte radial auf der Oberfläche des Schwingers in Abständen von 2,5 mm bis 5 mm aufgenommen. Anschließend wurde der Laserstrahl kontinuierlich über die

Linie der radialen Messpunkte verfahren, um die genaue Lage der Schwingungsknoten zu bestimmen. Der Ort der maximalen Auslenkung in Radialrichtung kennzeichnet die Schwingungsknotenebene. Eine eindeutige Längsschwingung des Ultraschallwerkzeugs liegt vor, wenn das Verhältnis von maximaler Amplitude in Axialrichtung und maximaler Amplitude in Radialrichtung >> 1 ist.

5.2.2 Funktionsvalidierung der longitudinalen Werkzeugmodelle

Function validation of longitudinal tool models

Im Bild 5-13 sind die Ergebnisse der experimentellen Validierung der Modelle 1 und 2 je für das ultraschallunterstützte Superfinishing mit Stein- und Bandwerkzeugen wiedergegeben. Links im Bild sind jeweils das Schwingsystem (Schallwandler an Sonotrode ohne Adapter), die mit dem SMG ermittelte Resonanzfrequenz sowie der sich aus Messung der Radial- und Axialamplituden ergebende Schwingungsmode genannt. Die Anzahl der Schwingungsknoten sowie die Haupt- (HS) und Nebenschwingrichtung (NS) sind gegeben. Rechts im Bild sind die Messergebnisse der Schwingungsamplituden in der Hauptschwingrichtung und der Nebenschwingrichtung dargestellt.

Die Amplituden in radialer Nebenschwingrichtung entlang der Achse des Schwingerwerkzeugs wurden jeweils bei Frequenzgeneratorspannungen von 0,5 Vpp bis 3,0 Vpp in 0,5 V-Schritten vermessen. Die Amplituden in axialer HS wurden an je drei Messpunkten an einer Querschnittshälfte der Oberfläche des Werkzeugsaufsatzes bei Frequenzgeneratorspannungen von 0,5 Vpp bis 4 Vpp in 0,5 V-Schritten ermittelt. Alle Modelle zeigten durch die signifikant höheren Amplituden in axialer Hauptschwingrichtung (maximal ca. > 25 µm) gegenüber denjenigen in radialer Nebenschwingrichtung (maximal ca. > 2 µm) den berechneten longitudinalen Eigenmode. Weiterhin wurde bei allen Modellen am Ort der größten Auslenkung in radialer Nebenschwingrichtung je eine Schwingungsknotenebene im Lagerflansch identifiziert. Dies beweist die $\lambda/2$-Schwingung der Schwingermodelle mit einem Schwingungsknoten. Die Modelle zeigen ein unterschiedliches Übertragungsverhalten. Die maximale Schwingungsamplitude am Werkzeugaufsatz ist eine Funktion aus der Kombination der verwendeten Sonotroden- und Werkzeugaufsatzmaterialien, deren nicht klar definiertes Schwingungsdämpfungsverhalten, den Schnittstellengeometrien und der Übersetzungsgeometrie des Schwingerwerkzeugs und wurde mit der FE-Analyse nicht ausreichend genau vorherbestimmt. Signifikant ist z.B. die starke Schwingungsdämpfung durch ein keramisch gebundenes SiC- Steinwerkzeug beim Modell 1: Wie Bild 5-13 zeigt, ist im Gegensatz zu den anderen Modellen die axiale Amplitude an allen drei Messpunkten MP 1, 2 und 3 am Werkzeugaufsatz von Modell 1 unabhängig von der Generatorspannung gering. Dies kann auf Reflexionen des Schalls im porösen Steinmaterial zurückzuführen sein. Eine exakte rechnerische Vorherbestimmung der Amplitude am Werkzeugaufsatz bei solchen mehrkomponentigen Schwingern ist mit der im Kapitel 4 beschriebenen Methode nur eingeschränkt möglich.

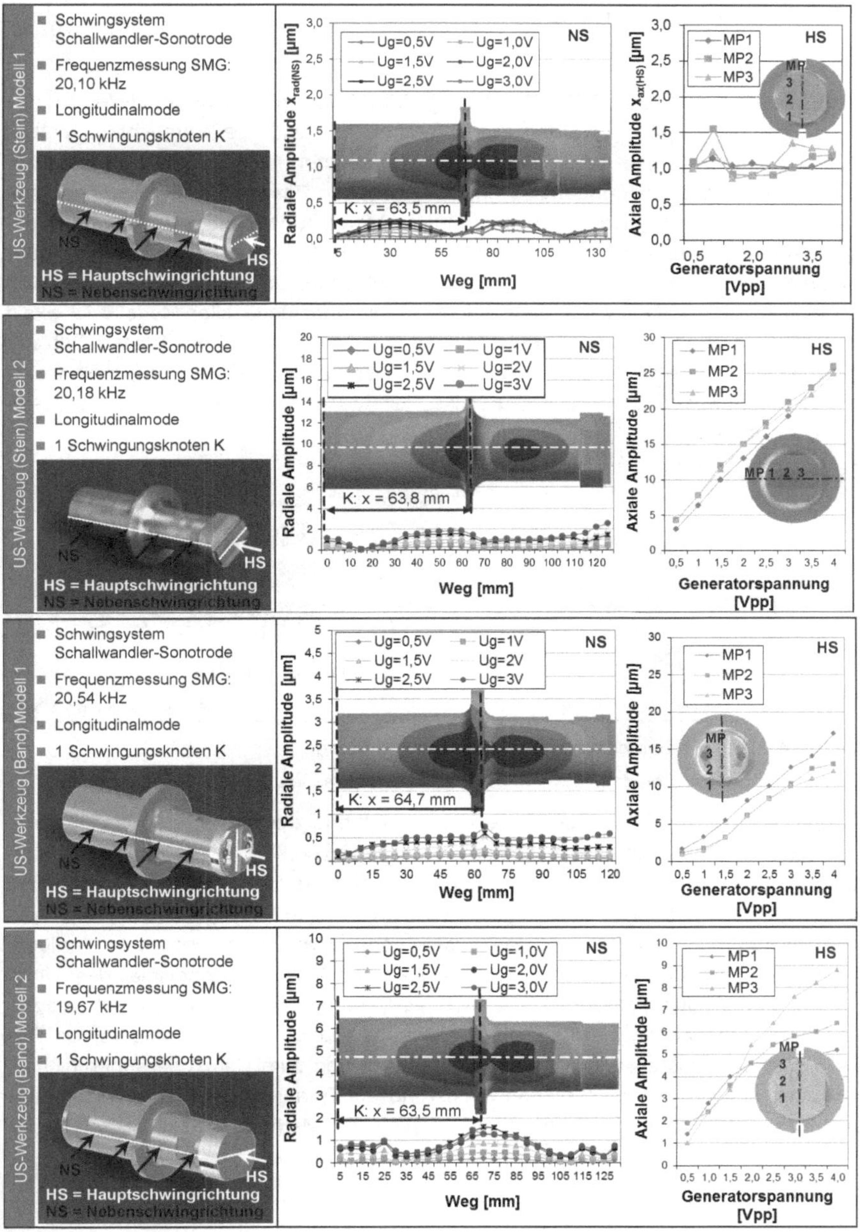

Bild 5-13: Messung der Werkzeugmodelle zum Ultraschallsuperfinishing mit Stein und Band

Validation of tool models for ultrasonic superfinishing with stone and tape

5.2.3 Bewertung der Auslegungsmethode

Evaluation of the design method

Zu Bewertung der Methode zur Auslegung von Ultraschallwerkzeugmodellen für das Ultraschallsuperfinishing werden die Berechnungs- und die Versuchsergebnisse zusammengefasst und gegenübergestellt. Es werden die Schwingeigenschaften Eigenmode, Resonanzfrequenz sowie die Anzahl und Position der Schwingungsknoten verglichen und jeweils die prozentuale Abweichung bestimmt. Aufgrund der großen Abweichung der Werte der berechneten Schwingungsamplituden (über Übersetzungsfaktor) und der gemessenen Amplituden, sind diese hier nicht explizit gegenübergestellt. Der berechnete Längsschwingungsmode aller Modelle ist exakt experimentell nachweisbar. Ebenso stimmt die Anzahl aller berechneten Schwingungsknoten mit den Versuchsergebnissen überein. Bild 5-14 zeigt den Vergleich der Berechnungs- und Versuchsergebnisse für Resonanzfrequenz und Knotenpositionen im Überblick.

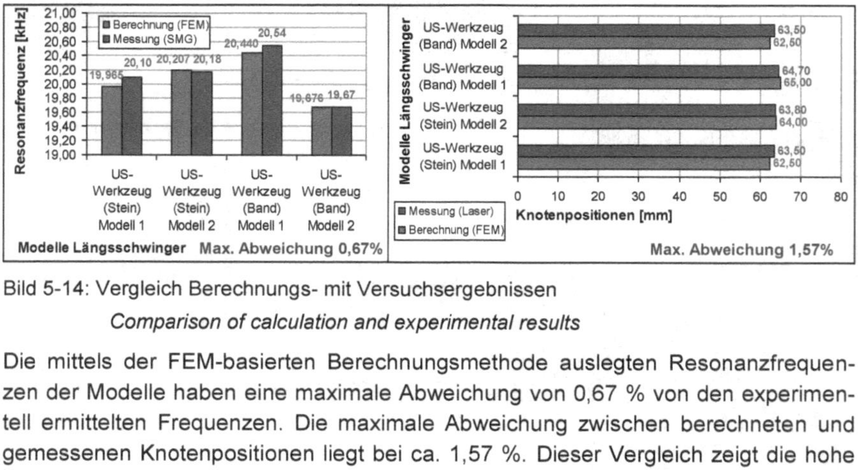

Bild 5-14: Vergleich Berechnungs- mit Versuchsergebnissen

Comparison of calculation and experimental results

Die mittels der FEM-basierten Berechnungsmethode auslegten Resonanzfrequenzen der Modelle haben eine maximale Abweichung von 0,67 % von den experimentell ermittelten Frequenzen. Die maximale Abweichung zwischen berechneten und gemessenen Knotenpositionen liegt bei ca. 1,57 %. Dieser Vergleich zeigt die hohe Genauigkeit der gesamten Auslegungsmethode vom Basismodell zum fertigen, komplexen, mehrteiligen Ultraschallschwinger am Anwendungsbeispiel des Ultraschallsuperfinishing. Außerdem erfordert das Berechnungsprogramm einen wesentlich geringeren Zeitaufwand für die Gesamtauslegung eines Schwingers. Im Bild 5-15 wird der Zeitaufwand zur Schwingerentwicklung zum Ultraschallsuperfinishing mit einer konventionellen Methode, basierend auf Erfahrungswerten eines erfahrenen Entwicklers, mit der in dieser Arbeit vorgestellten Methode verglichen.

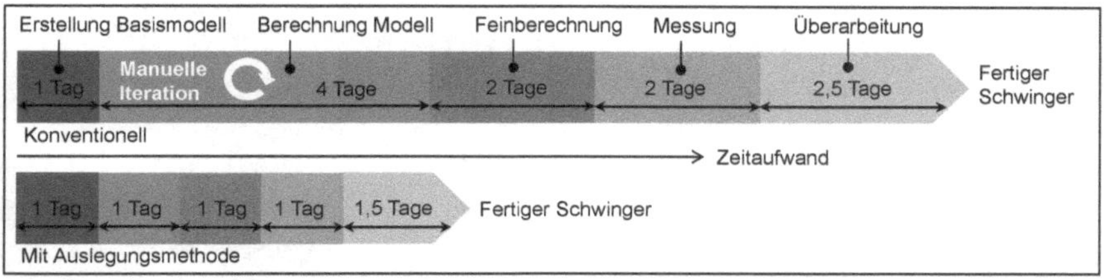

Bild 5-15: Geschätzter Zeitaufwand für Schwingerentwicklung zum Ultraschallsuperfinishing (Beispiel aus Erfahrungswerten)

Estimated expenditure of time for oscillator development for the ultrasonic superfinishing (experienced example)

6 Biegeschwinger für das Ultraschalldrehen

Flexural Oscillators for Ultrasonic Turning

Die im Kapitel 4 beschriebene Methode zur Modellbildung und -validierung von Schwingerwerkzeugen für ultraschallunterstützte Prozesse wurde im Kapitel 5 anhand der Werkzeugauslegung für das ultraschallunterstützte Superfinishing angewendet. Die Längsschwingrichtung ist bei der ultraschallunterstützten Superfinishbearbeitung von zylindrischen Bauteilen zielführend. Ultraschallhybridprozesse mit Längsschwingersystemen stoßen aber wegen der Schwingrichtung und des kleinen Bauraums an Grenzen. Diese werden besonders deutlich, wenn komplexe Werkstücke bearbeitet werden sollen. Schwer zugängliche Werkstückbereiche können mit Längsschwingern oftmals nicht bearbeitet werden. Die Grenzen von Prozessen, in denen aktive Ultraschalltechnologie eingesetzt wird, können erweitert werden, wenn nicht ausschließlich Längsschwingersysteme genutzt werden. Schwingt das Werkzeug z.B. mit einem Biege- oder Torsionsmode, ergeben sich durch die neuen Schwingrichtungen völlig neue räumliche Bedingungen und prozesstechnologische Potentiale. Biegemoden von stabförmigen Werkzeugen werden derzeit aber kaum berechnet oder eingesetzt. Stand der Technik ist, dass vom reinen Längsschwingungsmode abweichende Schwingungsformen als Störmoden wahrgenommen und zum Schutz des Systems vermieden werden [ABRA98, KUTT88].

Bezogen auf den zweiten Referenzprozess, das Ultraschalldrehen ultrapräziser Bauteile für optische Anwendungen, zeigt Bild 6-1 die Potenziale von auskragenden Biegeschwingern.

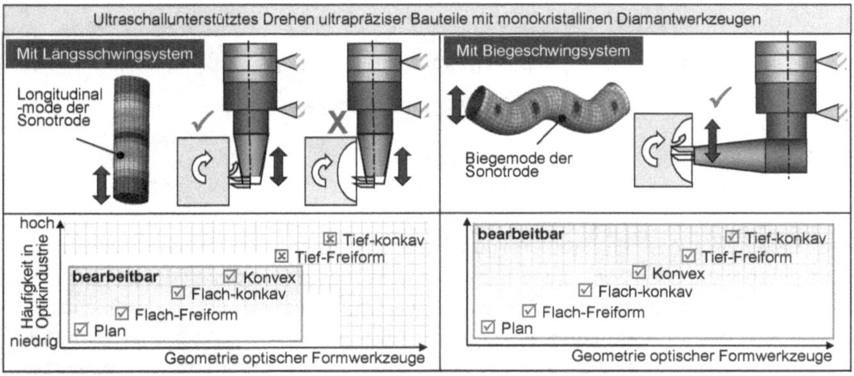

Bild 6-1: Vergleich bearbeitbarer Werkstückgeometrien mit unterschiedlichen Schwingern

Comparison of machinable workpiece geometries with different oscillators

Wie bereits im Kapitel 2 erläutert, ermöglicht das Ultraschalldrehen mit Längsschwingern nur die Bearbeitung begrenzter Geometrien von Stahlformwerkzeugen mit optischen Oberflächen. Allerdings sind in der Optikindustrie geometrisch weitaus komplexere Formwerkzeuge, z.B. tief konkave oder freigeformte, gefragt. Mit auskragenden Biegeschwingern ist die Bearbeitung einer ungleich größeren Bandbreite an häufig in der Optikindustrie eingesetzten Formwerkzeugen aus Stahl möglich.

Daher werden im Folgenden mit der Methode zur Modellbildung und -validierung von Schwingerwerkzeugen Biegeschwinger ausgelegt. Zunächst werden allgemein wichtige Zusammenhänge im Design von Biegeschwingern beschrieben. Hierzu wird die Basismodellierung von stabförmigen Biegeschwingern ohne spezifische Anwendung erläutert. Anschließend wird die Anregung von einfachen stabförmigen Biegeschwingern diskutiert. Das Temperaturverhalten wird untersucht. Mittels der im Kapitel 4 beschriebenen automatisierten Berechnungsmethode werden Modelle von Biegeschwingern verschiedener Frequenzen gebildet. Diese werden auf Prüfständen validiert, um die Qualität der Auslegungsmethode zu bestimmen. Auf Basis dieser nicht anwendungsspezifischen Biegeschwingermodelle wird ein optimierter Schwinger mit kombinierten Biegeschwingungen speziell zum ultraschallunterstützten Drehen von komplexen Werkstücken entwickelt.

6.1 Modellbildung

Modeling

Die Herausforderungen bei der Modellierung von Biegeschwingern liegen im Gegensatz zur Modellierung von Längsschwingern in folgenden Punkten:

- Auslegung eines Schwingerwerkzeugs, welches einen Transversal-Biegemode in der gewünschten Frequenz und mit gewünschter Schwingrichtung aufweist
- Erzeugung einer stehenden Ultraschallwelle im gewünschten Biegemode
- Gestaltung der Anregung des Biegeschwingers
- Gestaltung der Lagerung des Schwingerwerkzeugs

6.1.1 Basismodelle von Biegeschwingern

Basic models of flexural oscillators

Eine Biegewelle in einem stabförmigen Festkörper entsteht, wenn die benachbarten Teilchenebenen periodisch gegeneinander verschoben werden. Ist der Festkörper begrenzt, bewirkt eine Totalreflexion einer Biegewelle an der Grenzfläche eine Überlagerung der ankommenden und der reflektierten Welle zu einer stehenden Welle. Liegt die Frequenz der Anregung in einer Resonanzfrequenz des Festkörpers, so ist die Amplitude der Schwingungsbäuche der stehenden Welle besonders groß. Dieser Schwingungsmode in Resonanz des Festkörpers nennt sich dann Biegemode. Wie im Kapitel 2.2.1 erläutert, hängt die Schallgeschwindigkeit einer Biegewelle in einem stabförmigen Körper von der Anregungsfrequenz f und dem Radius r des Körpers ab. Die Wellenlänge λ_B eines Biegemodes in einem stabförmigen

Körper mit dem Radius r bei der Anregungsfrequenz f berechnet sich entsprechend aus Gl. 2-8:

$$\lambda_B(f;r) = \frac{c_B(f;r)}{f} = \sqrt{\frac{\pi \cdot r}{f}\sqrt{\frac{E}{\rho_0}}} \quad [m] \qquad \text{(Gl. 6-1)}$$

Anhand der Gleichung 6-1 ist im Bild 6-2 die Wellenlänge einer Biegewelle in einem stabförmigen Schwinger aus Stahl in Abhängigkeit vom Stabradius bei 20, 40 und 60 kHz dargestellt. Sind Stabradius und Frequenz gegeben, kann die Schwingerlänge als ein Vielfaches der Wellenlänge der Biegewelle gefunden werden.

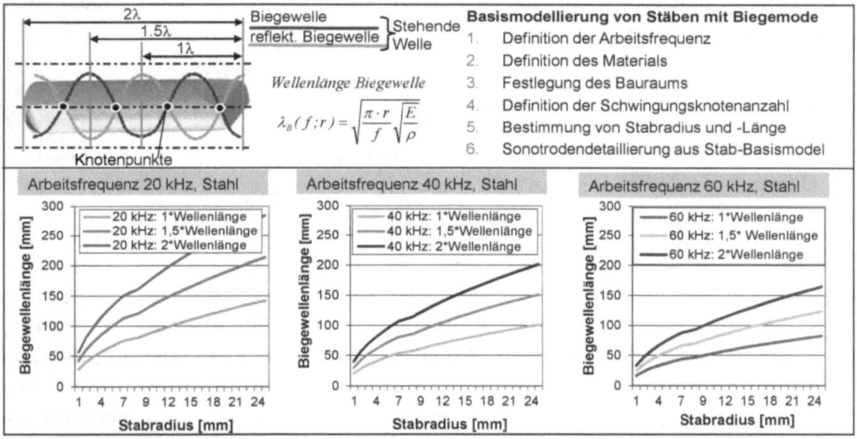

Bild 6-2: Basismodellierung von Biegestäben

Basic modeling of flexural rods

Ein Basismodell eines Biegeschwingers lässt sich folgendermaßen erstellen: Zunächst wird die gewünschte Arbeitsfrequenz, also die Resonanzfrequenz, definiert. Nachdem Material und zur Verfügung stehender Bauraum festgelegt sind, können der Radius und die benötigte Schwingungsknotenanzahl zur Lagerung definiert werden. Aus der Anzahl der Schwingungsknoten ergibt sich das Vielfache der Wellenlänge und aus Radius, Frequenz und Material die Schwingerlänge. Ist der Radius über die Schwingerlänge veränderlich, z.B. bei einem konischen Basismodell, kann der durchschnittliche Radius zur Grobdimensionierung verwendet werden.

6.1.2 Modellierung des Biegeschwingverhaltens

Modeling of flexural oscillator properties

Aus einem stabförmigen Basismodell eines Biegeschwingers wird dann ein detailliertes Schwingermodell mit Werkzeuganbindung erstellt. Um die Schwingeigenschaften zu berechnen und zu optimieren, wird die Berechnungsmethode aus Kapitel 4 mit der Modal- und harmonischen Analyse für den ungedämpften Fall angewendet. Das grobdimensionierte Basismodell eines Biegeschwingers liefert die Geometrieparameter der Startgeometrie im Berechnungsprogramm. Nach Definition der Startgeometrieparameter der Sonotrode werden im Programm die messtechnisch ermittelten Materialparameter für das gewählte Material eingegeben. Zur Modellierung eines Werkzeugaufsatzes, z.B. eines Drehwerkzeugs, wird eine Zusatzmasse, die sich aus dem Volumen und der Dichte des verwendeten Werkzeugs ergibt, definiert. Alle Elemente des Ultraschallwerkzeugs werden im Modell als fest miteinander verbunden angenommen, also als ein einziger Schwingkörper mit unterschiedlichen Material- und Geometriebereichen. Anschließend wird das FE-Netz erzeugt.

Dann werden die schwingungstechnischen Anforderungen definiert. Diese soll das Ultraschallwerkzeug nach der automatisch-iterativen Optimierung der Startgeometrie erfüllen. Dazu gehören:

- Eine Eigenfrequenz bei ca. 20, 40 oder 60 kHz mit Biegemode
- Eine bestimmte Anzahl von Schwingungsknoten
- Definierte Schwingungsamplituden an den zwei Schwingerenden, die den Übersetzungsfaktor bestimmen
- Möglichst geringe Spannungen im Gesamtmodell

Das Berechnungsprogramm passt die zur Optimierung ausgewählten Geometrieparameter, z.B. eine definierte Länge oder einen Durchmesser oder das Oberflächenprofil, an. Anschließend werden die Ergebnisse der automatischen Optimierung ausgegeben. Das so (vor-)optimierte Geometriemodell durchläuft anschließend eine manuelle Feinberechnung mit dem FEM-Programm, um geometrische Details wie Schlüsselflächen, Gewinde, Fasen, Schrauben etc., die nicht in der Startgeometrie des Optimierungsprogramms abgebildet werden, einzubeziehen.

6.1.3 Modellierung und Validierung des Einflusses der Anregung

Modeling and validation of excitement influence

Als Voruntersuchung zur Detailmodellierung von Biegeschwingern wird anhand eines Beispiels erörtert, aus welcher Richtung und an welcher Stelle ein geometrisch definierter zylindrischer Stab, der bei bekannter Resonanzfrequenz in einem Biegemode schwingt, am effektivsten angeregt wird, so dass sich diese Schwingform am stärksten ausbildet. Die Ergebnisse bestimmen maßgeblich die Bauform eines Biegeschwinger-Ultraschallsystems, da damit die optimale Lage des Schallwandlers feststeht.

Im Bild 6-3 sind zwei Richtungen zur Anregung eines einfachen, zylindrischen Biegeschwingers dargestellt, die axiale Anregung und die radiale Anregung. Die Angriffsfläche der radialen Anregung liegt im Bereich des Schwingungsbauchs und -knotens der stehenden Welle am Stabende. Die Angriffsfläche der axialen Anregung am Stabende ist so gewählt, dass der Aufbau des Gesamtsystems einem schlanken und raumsparenden Längsschwingersystem ähnelt.

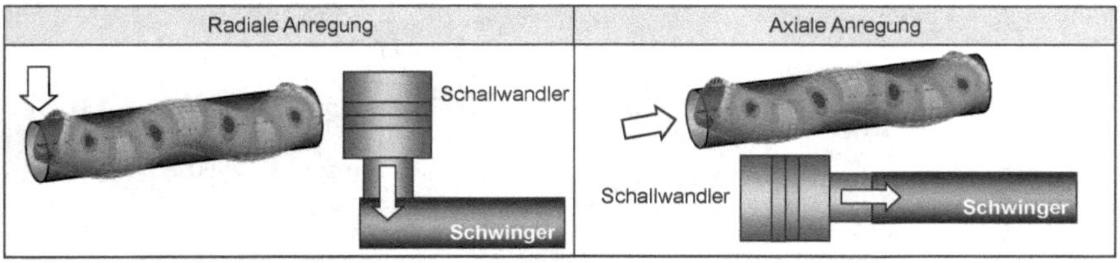

Bild 6-3: Anregung eines stabförmigen Biegeresonanzschwingers
Excitement of a rod shaped flexural resonance oscillator

Folgendermaßen wurden diese Anregungsrichtungen modellhaft untersucht: Es wurden zylindrische Testsonotroden (Testschwinger) aus Werkzeugstahl (42CrMo4) je für die axiale und die radiale Anregung konstruiert. In die Testsonotrode für die axiale Anregung wurde ein Gewindesackloch an eine Stirnseite des Zylinders gebohrt, um einen Schallwandler zu befestigen. An der Testsonotrode für radiale Anregung wurde an einem Ende radial eine Kontaktfläche samt Gewindesackloch angeordnet (Bild 6-4). Die Größe der Fläche, mit der der Schallwandler die Testsonotrode kontaktiert, ist bei beiden Varianten gleich. Anschließend wurden die Testsonotroden simulativ auf einen Biegemode bei der Resonanzfrequenz von etwa 19,3 kHz - 19,4 kHz ausgelegt. Dazu wurden von Materialproben die für die Simulation notwendigen Materialkennwerte messtechnisch bzw. rechnerisch bestimmt. Die Kennwerte des verwendeten Werkzeugstahls sind:

- Dichte: 7,85 g/cm^3
- E-Modul: 193.130 N/mm^2

Als Abschätzung der Länge eines zylindrischen Stabs mit Radius 16 mm, die bei einer Biege-Resonanzfrequenz von ca. f = 19,4 kHz dem 1,5 fachen der Wellenlänge λ_B (= 4 Knotenstellen) entsprechen soll, ergibt sich mit Gleichung 6-1 ein Wert von 170,05 mm. Diese Angabe wurde bei der Startgeometrie der Testsonotroden für die simulative Feinauslegung verwendet. Die Feinauslegung mittels FEM-Modalanalyse geschah unter Verwendung der Methode zur automatischen Schwingeroptimierung. Im Bild 6-4 sind die Endgeometrie für beide Testsonotroden sowie die zugehörigen Berechnungsergebnisse der Modalanalyse dargestellt. Beide Resonanzfrequenzen liegen bei ca. 19,3 kHz - 19,4 kHz. Es liegt jeweils ein Biegemode vor, der vier Schwingungsknotenstellen (entspricht einer Stablänge von 1,5 λ_B) enthält. Die Lage der Schwingungsknoten ist in mm von dem Montageende der Testsonotrode angegeben. Um den Einfluss der Anregungsposition festzustellen, wurden die Testsonotroden gefertigt und messtechnisch untersucht. Dazu wurde erst die Resonanzfrequenz des Biegemodes mit einem SMG (Kapitel 4.2.1) gemessen und mit der Berechnung verglichen. Hierbei wurden folgende Biegeresonanzen für beide Testsonotroden gemessen:

- Sonotrode für axiale Anregung: 19,38 kHz (Abweichung zur Simulation: 0,15 %)
- Sonotrode für radiale Anregung: 19,30 kHz (Abweichung zur Simulation: 0,05 %)

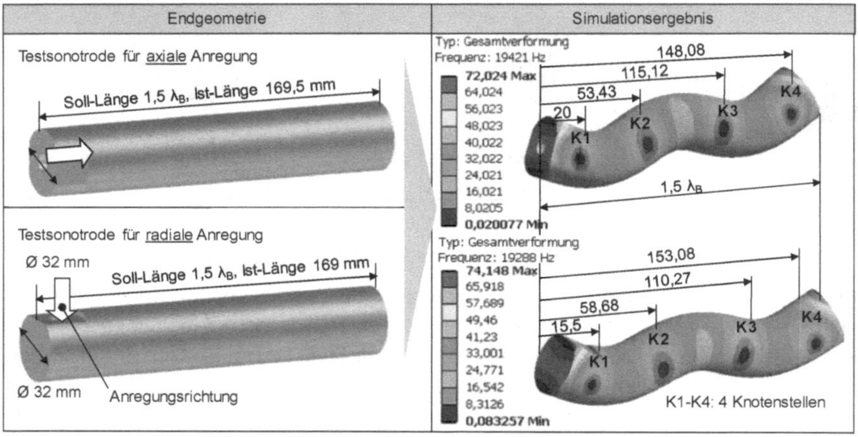

Bild 6-4: Simulationsergebnisse und Endgeometrien der Testsonotroden

Simulation results and end geometries of test sonotrodes

Anschließend wurden die Testsonotroden bei dieser Resonanzfrequenz axial bzw. radial auf einem Schwingungsprüfstand angeregt und die jeweiligen Schwingungsamplituden laservibrometrisch nach der Methode zur Messung von Schwingungsmoden (Kapitel 4.2.2) auf der Oberfläche der Sonotroden vermessen. Bild 6-5 zeigt links den Messaufbau zur Schwingungsmessung an der Testsonotrode zur radialen und rechts an der Testsonotrode zur axialen Anregung. Frequenzgenerator, Spannungsverstärker und 20 kHz-Schallwander sind dieselben Geräte wie im Kapitel 5.2.1 zur laservibrometrischen Vermessung der Schwingerwerkzeuge für das ultraschallunterstützte Superfinishing.

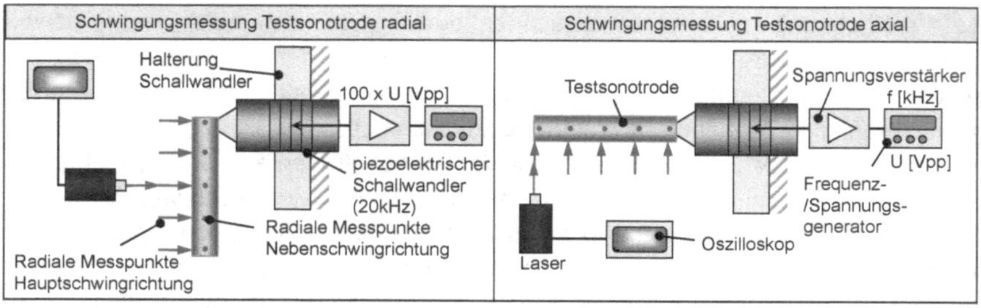

Bild 6-5: Messung der Schwingungsamplituden der Testsonotroden

Measurement of oscillation amplitudes of test sonotrodes

An beiden Sonotroden wurden die Schwingungsamplituden $y_{rad(HS)}$ in radialer Hauptschwingrichtung und $z_{rad(NS)}$ in radialer Nebenschwingrichtung vermessen. Dabei wurde die Anregungsspannung zwischen 0,6 Vpp, 1,4 Vpp und 2,2 Vpp am Frequenzgenerator vor Verstärkung variiert. Bild 6-6, oben, zeigt die Messwerte für die Schwingungsamplituden an der Oberfläche axial entlang der Testsonotrode für die *radiale* Anregung. Der Laserstrahl wurde in Hauptschwingrichtung bzw. Nebenschwingrichtung radial-orthogonal auf die Oberfläche der Sonotrode gerichtet. Im Diagramm ist jeweils der Betrag der y/z_{rad} in Abhängigkeit von der Anregungsspannung aufgetragen. Aus einer höheren Anregungsspannung resultiert eine höhere Anregungsamplitude und damit höhere Schwingungsamplituden auf dem Sonotrodenkörper. Im Bild 6-6, oben links, sind die Ergebnisse der Schwingungsmessung in radialer Hauptschwingrichtung $y_{rad(HS)}$ dargestellt: Es bildet sich bei radialer Anregung der Eigenfrequenz der Testsonotrode, bei der ein Biegemode mit vier Schwingungsknotenpunkten berechnet wurde, genau dieser Mode klar aus. In den Messwerten sind deutlich die vier Amplitudenminima, also die Knotenstellen K1 - K4, zu erkennen. Diese liegen in den axialen Abständen 15, 56, 110 und 151 mm zum Montageende der Testsonotrode. Die gemessene Lage der Knotenstellen weicht um maximal 4,5 % von der berechneten Lage ab. Weiterhin sind die Amplitudenmaxima, also die Schwingungsbäuche, durch die Messung klar validiert. Im Bild 6-6, oben rechts, sind die Ergebnisse der Schwingungsmessung in radialer Nebenschwingrichtung $z_{rad(NS)}$ dargestellt. Die maximale Amplitude $z_{rad(NS)(max)}$ liegt hier bei einer Anregungsspannung von 2,2 Vpp vor und beträgt 0,014 µm. Dieser Wert ist um den Faktor 74 kleiner als die maximale Amplitude in Hauptschwingrichtung ($y_{rad(HS)(max)}$ = 1,04 µm) bei der gleichen Anregungsspannung. Damit ist der reine Biegemode validiert.

Bild 6-6, unten, zeigt die Messwerte für die Schwingungsamplituden an der Oberfläche axial entlang der Testsonotrode bei *axialer* Anregung. Es bildet sich bei axialer Anregung der Eigenfrequenz der Testsonotrode, bei der ein Biegemode mit 4 Schwingungsknotenpunkten berechnet wurde, dieser Mode ebenfalls genau aus. In den Messwerten sind die vier Amplitudenminima K1 - K4 zu erkennen. Diese liegen in den axialen Abständen 7, 55, 117 und 151 mm zum Montageende der Testsonotrode. Im Gegensatz zu den letzten drei Knotenpunkten K2 - K4 weicht K1 von der berechneten Lage ab, da in der Rechnung nicht die axiale Fixierung berücksichtigt wird. Weiterhin sind die Amplitudenmaxima durch die Messung validiert. Allerdings ist die Amplitudenhöhe des Biegemodes bei der axialen Anregung signifikant geringer als bei der radialen Anregung. Die $y_{rad(HS)(max)}$ am Sonotrodenende beträgt bei axialer Anregung mit 2,2 Vpp Eingangsspannung nur 0,06 µm, ist also um den Faktor 17,3 geringer als bei o.g. radialer Anegung. Die $z_{rad(NS)(max)}$ im Bild 6-6, unten rechts, liegt hier mit 0,024 µm bei einer Anregungsspannung von 2,2 Vpp vor. Dieser Wert ist um den Faktor 2,5 kleiner als die $y_{rad(HS)(max)}$ von 0,06 µm bei der gleichen Anregungsspannung. Der Biegemode liegt also vor.

Diese Modellierung und Validierung des Einflusses der Anregung bei einem stabförmigen Biegeschwinger zeigt: Die Anregung des Schwingers parallel zur Hauptschwingrichtung führt zur stärksten und effektivsten Ausbildung des gewünschten Biegemodes. Die axiale Anregung führt dagegen nur zu einer ineffizienten Anregung des Biegemodes. Sie kann aus Bauraumgründen verwendet werden, wenn nur geringe Amplituden gewünscht sind.

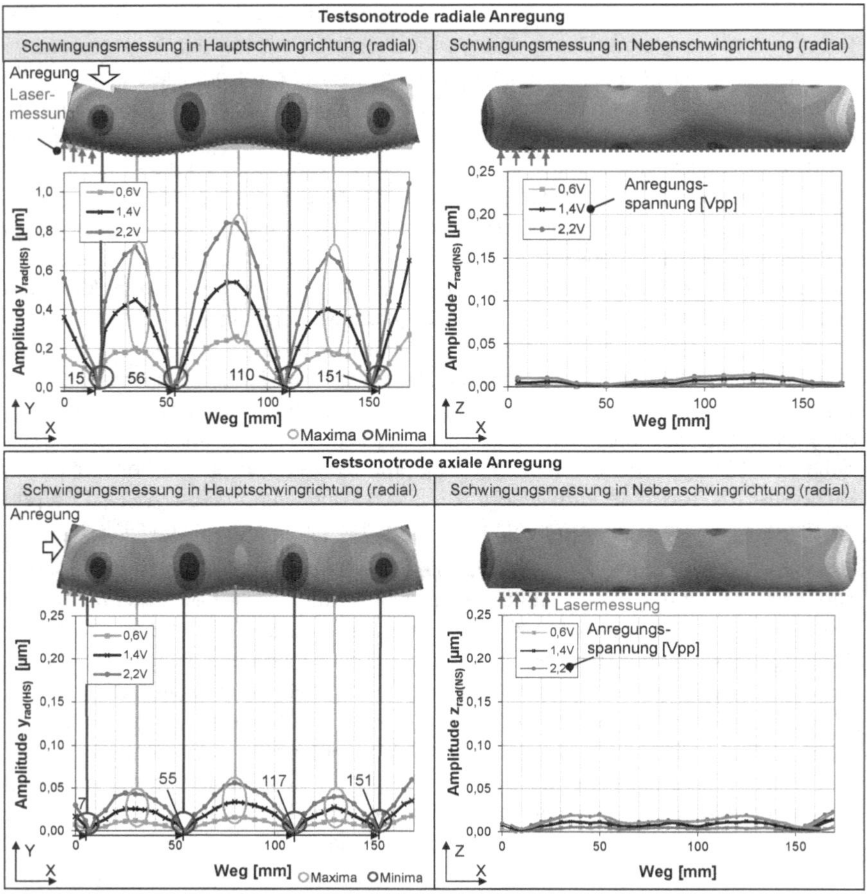

Bild 6-6: Schwingungsmessung bei axialer und radialer Anregung

Oscillation measurement with axial and radial excitement

6.1.4 Modellierung und Validierung des Temperaturverhaltens

Modeling and validation of temperature influence

Analog zur Untersuchung des Verhaltens von Längsschwingern bei Temperaturerhöhung im Kapitel 5.1.4 wird hier aufgrund von fehlenden Untersuchungen in der Literatur der Einfluss einer Temperaturerhöhung auf das Schwingverhalten eines Biegeschwingers modelliert und validiert. Die Schwingeigenschaften eines Schwingkörpers sind material- und damit auch temperaturabhängig. Die für die Schwingungsanalyse relevanten Materialkennwerte sind die Dichte, der E-Modul und die Querkontraktionszahl. Die Temperaturabhängigkeit der Querkontraktionszahl wird vernachlässigt nach [RICH83]. Es wird der Einfluss einer Temperaturerhöhung auf die Resonanzfrequenz und die Schwingungsamplitude eines Biegemodes theoretisch hergeleitet. Die Resonanzfrequenz eines Stabs im Biegemode bei Raumtemperatur berechnet sich in Abhängigkeit vom Stabradius r, dem E-Modul, der Dichte und der Wellenlänge zu:

$$f_0 = \frac{\pi \cdot r}{\lambda_{B0}^{\ 2}} \sqrt{\frac{E_0}{\rho_0}} \qquad [Hz]\ bei\ Raumtemperatur\ \vartheta_0 \qquad \text{(Gl. 6-2)}$$

Es ergibt sich für die temperaturabhängige Resonanzfrequenz:

$$f(\vartheta) = \frac{\pi \cdot r}{\lambda_B(\vartheta)^2} \sqrt{\frac{E(\vartheta)}{\rho(\vartheta)}} \Leftrightarrow f(\vartheta) = \frac{\pi \cdot r}{\lambda_B(\vartheta)^2} \sqrt{\frac{E(\vartheta) \cdot A \cdot (l_0 + \Delta l)}{m}} \qquad \text{(Gl. 6-3)}$$

Mit $\lambda_B(\vartheta) = 2(l_0 + \Delta l)$ ergibt sich:

$$f(\vartheta) = \frac{\pi \cdot r \sqrt{E(\vartheta) \cdot A}}{4\sqrt{m}} \cdot \frac{\sqrt{l_0 + \Delta l}}{(l_0 + \Delta l)^2} \qquad \text{(Gl. 6-4)}$$

Mit dem Temperaturausdehnungskoeffizient des Materials $\alpha = \frac{\Delta l}{l_0 \cdot \Delta \vartheta}$ ergibt sich:

$$f(\vartheta) = \frac{\pi \cdot r \sqrt{E(\vartheta) \cdot A}}{4\sqrt{m}} \cdot \frac{\sqrt{l_0(1 + \alpha \cdot \Delta \vartheta)}}{l_0^{\ 2}(1 + \alpha \cdot \Delta \vartheta)^2} \qquad \text{(Gl. 6-5)}$$

Der Term $(l_0 + \Delta l)^2$ steigt mit Temperaturerhöhung schneller an als $\sqrt{l_0 + \Delta l}$. Weiterhin sinkt der E-Modul mit Temperaturerhöhung. Mit Anstieg der Stabtemperatur sinkt also die Resonanzfrequenz im Biegemode eines Stabs. Durch die Gleichung 6-5 wird die theoretische Frequenzänderung eines annähernd stabförmigen Biegeschwingers mit der Temperaturerhöhung qualitativ beschrieben. Je komplexer die Geometrie des Biegeschwingers, desto höher wird die Abweichung zwischen der mit Gleichung 6-5 berechneten Frequenz und der tatsächlichen Frequenz. Die Gleichung 6-5 gilt für einen Biegestab mit der *Schwinglänge 0,5 λ_B*. Zur Berechnung der temperaturabhängigen Resonanzfrequenz für einen Biegestab mit der *Schwinglänge λ_B* gilt (Bild 6-7):

$$\lambda_B(\vartheta) = (l_0 + \Delta l) \quad \Rightarrow f(\vartheta) = \frac{\pi \cdot r \sqrt{E(\vartheta) \cdot A}}{\sqrt{m}} \cdot \frac{\sqrt{l_0 + \Delta l}}{(l_0 + \Delta l)^2} \qquad \text{(Gl. 6-6)}$$

Zur Berechnung der temperaturabhängigen Resonanzfrequenz für einen Biegestab mit der *Schwinglänge 1,5 λ_B* gilt:

$$\lambda_B(\vartheta) = \frac{1}{1{,}5}(l_0 + \Delta l) \quad \Rightarrow f(\vartheta) = \frac{\pi \cdot r \sqrt{E(\vartheta) \cdot A}}{0{,}45\sqrt{m}} \cdot \frac{\sqrt{l_0 + \Delta l}}{(l_0 + \Delta l)^2} \qquad \text{(Gl. 6-7)}$$

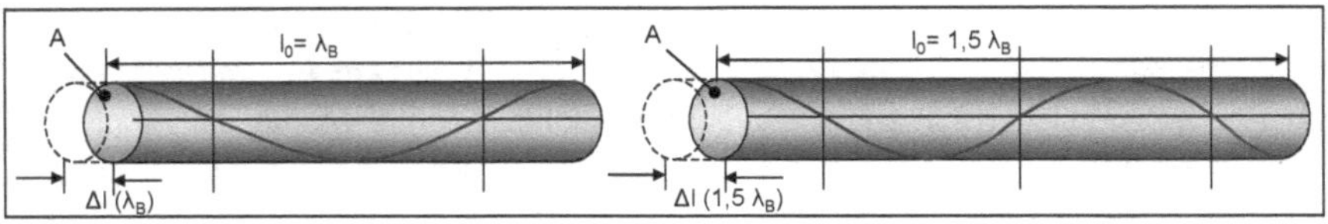

Bild 6-7: Stabförmiger Schwinger mit der Schwinglänge λ_B und 1,5 λ_B

Rod shape oscillator with oscillation length λ_B and 1,5 λ_B

Eine weitere wichtige Kenngröße des Schwingverhaltens ist die Schwingungsamplitude. Die Änderung der Schwingungsamplitude von Biegeschwingern mit der Temperatur kann nach demselben Modell wie im Kapitel 5.1.4 beschrieben werden und steigt mit Erhöhung der Sonotrodentemperatur theoretisch an.

Die theoretische Abnahme der Resonanzfrequenz und Zunahme der Schwingungsamplitude eines stabförmigen Biegeschwingers bei Temperaturerhöhung wurden folgendermaßen validiert: Zunächst wurden die Materialkennwerte eines Stahl- (42CrMo4) und eines Aluminiummaterials (AlCuPbMg) bei Raumtemperatur 20 °C messtechnisch bestimmt. Diese Werte wurden verwendet, um zwei vollzylindrisch-stabförmige Testsonotroden aus Stahl und Aluminium auf eine Resonanzfrequenz von ca. 20 kHz bei Raumtemperatur (20 °C) im Biegemode mit vier Schwingungsknotenstellen und einer Schwingerlänge von 1,5 λ auszulegen. Die Länge beider Testsonotroden betrug 166 mm und die Durchmesser 32 mm. Weiterhin wiesen die Testsonotroden ein seitliches Gewindesackloch zur radialen Schwingungsanregung des Biegemodes auf einem Prüfstand auf. Wie aus dem vorherigen Kapitel ersichtlich, ist die seitliche Anregung für eine effiziente Ausbildung des Biegemodes nötig.

Nach der Fertigung der Testsonotroden wurden zunächst die Dichte und der E-Modul in Abhängigkeit von der Sonotrodentemperatur messtechnisch bestimmt. Dabei wurden die Sonotroden im Ofen auf 95 °C erwärmt und die Daten ermittelt. Bild 6-8, links, zeigt die Messergebnisse für beide Materialien.

Die Dichte sinkt bei einer Temperaturerhöhung der Sonotrode von 20 °C auf 95 °C um 1,6 % bei Stahl und um 1,2 % bei Aluminium. Der E-Modul sinkt bei gleicher Temperaturerhöhung um 4,7 % bei Stahl und um 7,4 % bei Aluminium und hat den höheren Einfluss auf die Änderung der Schwingeigenschaften.

Weiterhin wurden die Schwingeigenschaften der Testsonotroden in Abhängigkeit von der Temperatur vermessen. Bild 6-8, rechts zeigt die Messergebnisse für beide Materialien. Die Frequenz der Stahl-Testsonotrode sinkt um 1,5 % und die der Aluminium-Testsonotrode um 2 % (Abweichung zur Berechnung mit der Gleichung 6-7 beträgt maximal 0,5 %). Die Schwingungsamplitude steigt bei der Stahl-Testsonotrode um 25 % und bei der Aluminium-Testsonotrode um 35 % an.

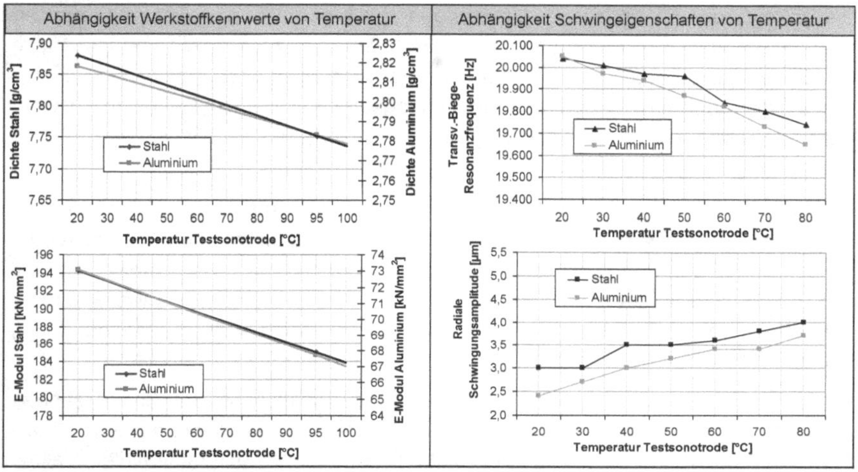

Bild 6-8: Messwerte Temperaturabhängigkeit von Materialkennwerten und Schwingverhalten

Measurement data temperature dependency of material and oscillation properties

Wie bei Längsschwingern sinkt bei Biegeschwingern mit Erhöhung der Schwingertemperatur die Resonanzfrequenz während die Schwingungsamplitude steigt. Die prozentuale Änderung der Amplitude ist dabei größer als die der Frequenz. Die Schwingeigenschaften des Stahls sind temperaturstabiler als die des Aluminiums. Je nach Bearbeitungsprozess, bei dem ein Ultraschallsystem eingesetzt wird, sollten diese Effekte daher beachtet werden. Die auftretenden Temperaturen im Prozess und insbesondere durch innere Reibung im Schwingsystem sollten bestimmt und die Systemfrequenz bzw. die Amplituden entsprechend angepasst werden. Eventuell muss gekühlt werden.

6.1.5 Modellbeispiele

Modeling examples

In diesem Kapitel werden zunächst berechnete Modellbeispiele von nicht anwendungsspezifischen Biegeschwingern unterschiedlicher Materialien und Grundformen mit Resonanzfrequenzen von ca. 20, 40 und 60 kHz vorgestellt. Hierbei wurden zuerst Basismodelle vordimensioniert und diese mit dem Berechnungsprogramm iterativ optimiert und manuell feinberechnet. Die Berechnungsergebnisse wurden danach messtechnisch validiert. So kann die Fähigkeit der Auslegungsmethode zur Auslegung von Biegeschwingern demonstriert werden. Die Ergebnisse sind:

- Resonanzfrequenz
- Eigenmode
- Anzahl und Position der Schwingungsknoten
- Übersetzungsfaktor

Die Zielvorgaben für die bzw. Anforderungen an die geometrische Schwingeroptimierung im Berechnungsprogramm sind die Frequenz, der Biegemode und die Anzahl der Schwingungsknoten. Die Position der Schwingungsknoten sowie der Übersetzungsfaktor gehören zwar zu den Berechnungsergebnissen, sind aber hier bei den nicht anwendungsspezifischen Biegeschwingern nicht Teil der Zielvorgaben für die Optimierung.

Im Bild 6-9, Bild 6-10 und Bild 6-12, jeweils links, sind die Hauptdimensionen der Biegeschwingermodelle, das Material sowie die Vernetzungs- und Fixierungsbedingungen, die in der manuellen Endberechnung genutzt wurden, dargestellt. Rechts in den Bildern sind die jeweiligen Berechnungsergebnisse dargestellt. Hierbei sind die Zahlenwerte in den Farbskalen rein qualitative Verformungswerte, die zueinander ins Verhältnis gesetzt werden können.

Um den rechnerischen Übersetzungsfaktor und die Position der Schwingungsknoten im Modell zu bestimmen, wurden die Modelle am radialen Sackloch, der Schnittstelle zum Schallwandler, im FE-Modell simulativ fixiert. Bei der experimentellen Validierung des Übersetzungsfaktors und der Knotenpositionen ist das Modell auch an den realen Schallwandler gekoppelt und somit fixiert.

Die Schnittstelle zum Schallwandler, also die Anregungsfläche, liegt in diesen Modellbeispielen jeweils an einem Ende der stabförmigen Geometrie zwischen Schwingungsbauch und -knoten, so dass der Schwinger möglichst weit auskragend ist. Andere Angriffsflächen, z.B. an einem Schwingungsbauch in der Mitte des Stabs sind ebenfalls denkbar, beispielsweise für Anwendungen, wo ein Biegestab mit zwei gleichförmig schwingenden Enden benötigt wird. Die Lage der Angriffsfläche ist also variabel, die Anregungsrichtung sollte aber für höhere Effizienz parallel zur Schwingrichtung der Biegewelle liegen (s. Kapitel 6.1.3).

Die FEM-Vernetzung des jeweiligen Endmodells ist tetraedrisch mit einer Elementgröße von ca. 1,2 mm - 2,4 mm. Die Elementgröße wurde jeweils so gewählt, dass die Modelllänge in ca. 65 Netzelemente geteilt wird. Der Übersetzungsfaktor wurde rechnerisch aus dem Verhältnis der in der Modalanalyse rein qualitativen Gesamtverformungen an den Modellenden bestimmt. Die Position der Schwingungsknoten wurde nach der Berechnungsmethode im Kapitel 4.1.3 durch Multiplikation der Netzknotenverschiebungen in Y-Richtung auf der Schwingerachse exakt bestimmt. Graphisch lässt sich die Position durch die Verschiebungskomponente in Y-Richtung, der Hauptschwingrichtung, darstellen. An den Knoten ist die Verschiebung in der Hauptschwingrichtung gleich null. Die Knotenpositionen sind als Abstand in mm von einer Stirnseite des Schwingers in X-Richtung angegeben.

Bild 6-9 zeigt die Berechnungsergebnisse für drei exemplarische Biegeschwingermodelle mit Resonanzfrequenzen knapp oberhalb von 20 kHz. Der Schallwandler, der diese Modelle in der Praxis anregt, hat einen Arbeitsfrequenzbereich von 19 kHz bis 21 kHz und seinen Resonanzpunkt bei ca. 20 kHz.

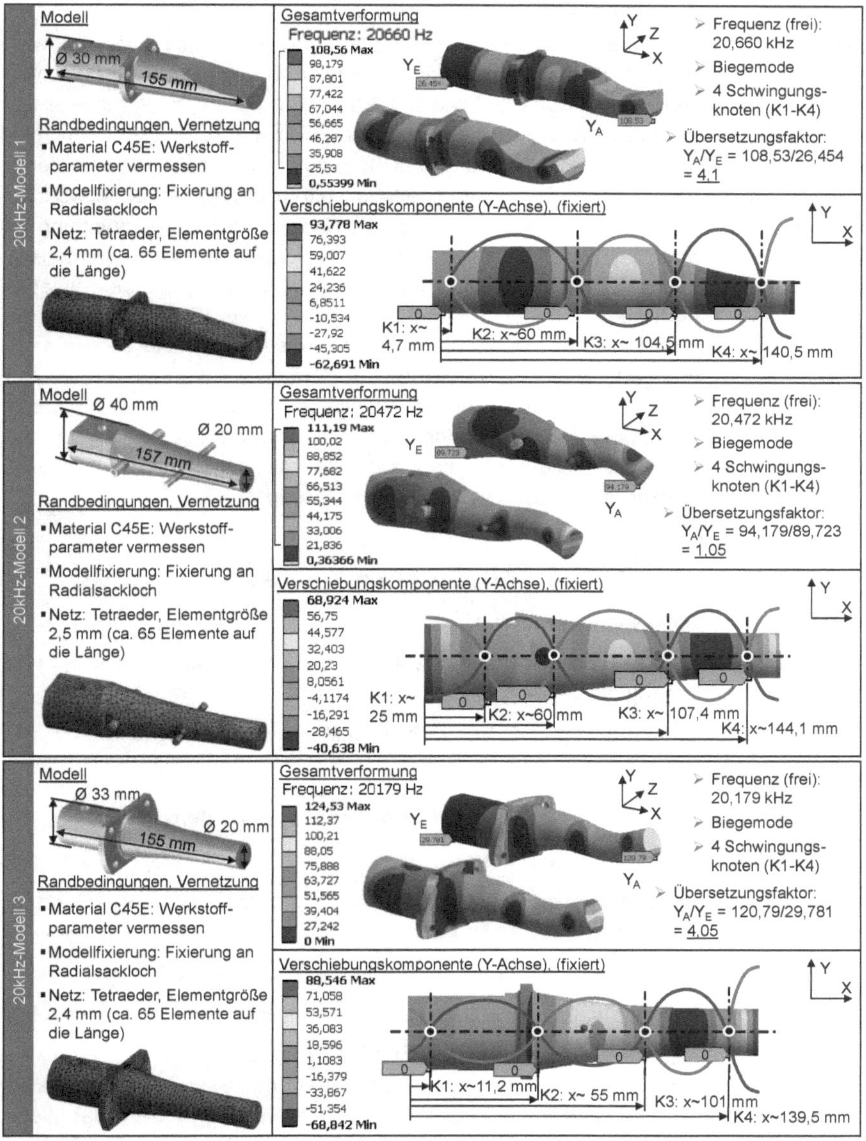

Bild 6-9: Simulationsergebnisse 20 kHz Biegeschwinger, Modelle 1, 2 und 3

Simulation results 20 kHz flexural oscillators, models 1, 2 and 3

Die Schwingermodelle wurden auf Frequenzen von ca. 20,18 kHz bis 20,66 kHz ausgelegt. Die Breite dieses Intervalls von 480 Hz beruht auf den unterschiedlichen geometrischen Details der Modelle, wie Fasen, Gewinde, Bohrungen etc. Die

Modelle sind aus Stahl C45E, können schwingungstechnisch effektiv seitlich an einem Ende angeregt werden und wurden auf eine Schwingerlänge mit vier Schwingungsknoten ausgelegt. Der Übersetzungsfaktor variiert je nach Schwingerform von 1 bis 4. Aufgrund des gewählten Materials Stahl, der niedrigen vorgegebenen Frequenz und der vorgegebenen vier Knotenstellen sind die Schwinger verhältnismäßig groß und schwer. Eine Lagerung des Schwingers ist daher sinnvoll, damit nicht zu große Querkräfte auf den anschließend seitlich montierten Schallwandler wirken. In den Modellbeispielen sind zwei mögliche Konzepte zur Lageranbindung an Schwingungsknotenpunkten dargestellt, die auch auf andere Biegeschwingermodelle übertragen werden können: Die Flanschlagerung (Modell 1 und 3) und die Stiftlagerung (Modell 2). Im Umkreis von ca. 2 mm bis 3 mm um die Knotenposition steigt die Schwingung jedoch wieder an. Das führt dazu, dass die Flanschlagerung, je nach geometrischer Ausführung, ebenfalls der Biegeschwingbewegung unterliegt. Die Stiftlagerung kann gezielt am Knotenpunkt so ansetzen, dass ein Mitschwingen in die Hauptschwingrichtung und somit eine Übertragung der Biegeschwingung auf umliegende Baugruppen maximal reduziert wird. Die Eigenschaften bzw. Vor- und Nachteile der Lagerkonzepte lassen sich zusammenfassen:

Flanschlagerung:

- Teil des Schwingers, muss in der Berechnung direkt berücksichtigt werden.
- Kann sehr steif gestaltet werden.
- Geeignet für große Biegeschwinger (niedrige Frequenzen, hohes Gewicht, hohe Anzahl an Schwingungsknoten).
- Durch flächige Anordnung in Knotenposition ist Mitschwingen möglich.

Stiftlagerung:

- Muss in der Berechnung nicht unmittelbar berücksichtigt werden.
- Weniger steif als Flanschlagerung.
- Geeignet für kleine Biegeschwinger (hohe Frequenzen, geringes Gewicht, niedrige Anzahl an Schwingungsknoten).
- Gezielte Anordnung in Knotenposition; Mitschwingen maximal reduzierbar.

Je nach Anforderungen an ein anwendungsspezifisches Biegeschwingsystem kann somit ein passendes Lagerkonzept gewählt werden.

Bild 6-10 veranschaulicht die Berechnungsergebnisse für drei Biegeschwingermodelle mit Resonanzfrequenzen knapp über 37 kHz. Der Schallwandler, der diese Modelle anregt, hat einen Arbeitsfrequenzbereich von 37 kHz bis 40 kHz. Um Temperatureffekte auszugleichen, wurden die Schwingermodelle auf Frequenzen von ca. 37,16 kHz bis 39,67 kHz ausgelegt. Die Modelle sind aus St52, Al-6061 und TiAl6V4 gefertigt. Sie wurden auf eine Schwingerlänge mit vier Schwingungsknoten ausgelegt. Der Übersetzungsfaktor variiert je nach Schwingerform von 2,7 bis 5,6.

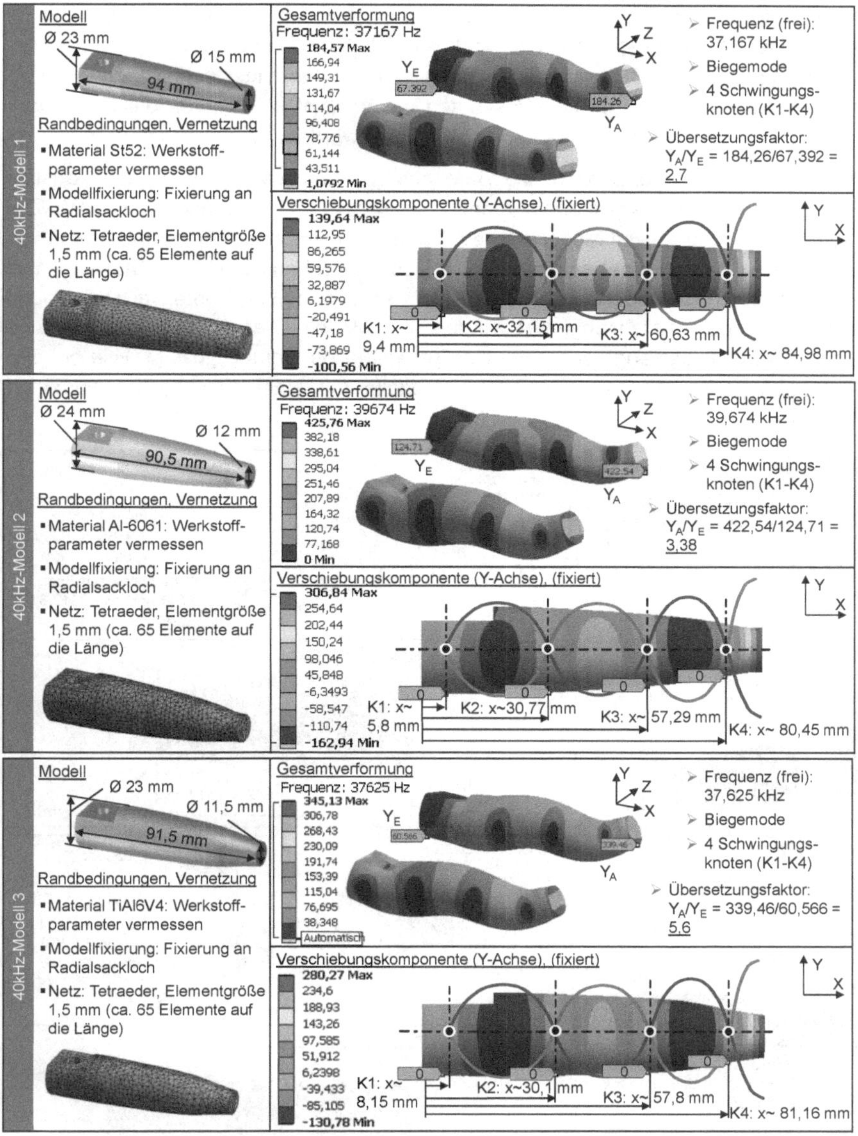

Bild 6-10: Simulationsergebnisse 40 kHz Biegeschwinger, Modelle 1, 2 und 3

Simulation results 40 kHz flexural oscillators, models 1, 2 and 3

Modell 1 hat exemplarisch ein lineares Oberflächenprofil. Im Berechnungsprogramm wird daher zur Geometrieoptimierung auf die Zielvorgaben Frequenz, Eigenmode und Knotenanzahl die lineare Approximation genutzt. Modell 2 und 3 haben beispielhaft ein komplexeres Oberflächenprofil, das über Bézier-Parameter bestimmt sind.

Daher wird hier zur Geometrieoptimierung der genetische Algorithmus genutzt. In den abgebildeten unspezifischen Modellen ist zwar keine Lagerung vorhanden. Allerdings kann eine Stiftlagerung nachträglich nach dem messtechnischen Überprüfen an ausgewählten Schwingungsknoten eingebracht werden, da die Schwingeigenschaften dadurch nicht wesentlich beeinflusst werden.

Bild 6-11 und Bild 6-12 zeigt die Berechnungsergebnisse für vier exemplarische Biegeschwinger mit Resonanzfrequenzen zwischen 57,7 kHz und 62,24 kHz. Der Schallwandler, der diese Modelle anregt, kann in einem breiten Frequenzbereich von 57 kHz bis 63 kHz betrieben werden. Die Modelle sind aus St52 bzw. St37 gefertigt, sind auf eine Schwingerlänge mit drei bis vier Schwingungsknoten ausgelegt und können effektiv seitlich angeregt werden. Bei Modell 4 ist die mögliche Montage eines Diamantwerkzeugs zum ultraschallunterstützten Drehen gezeigt. Wie bei den 40 kHz-Modellen können auch diese Modelle mit einer Stiftlagerung versehen werden.

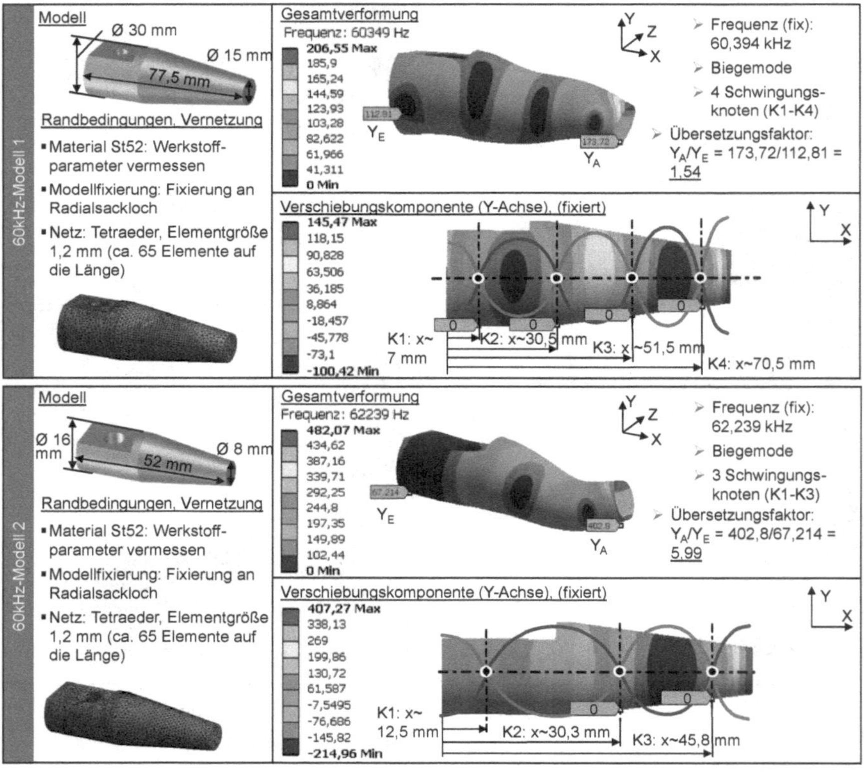

Bild 6-11 Simulationsergebnisse 60 kHz Biegeschwinger, Modelle 1 und 2

Simulation results 60 kHz flexural oscillators, models 1 und 2

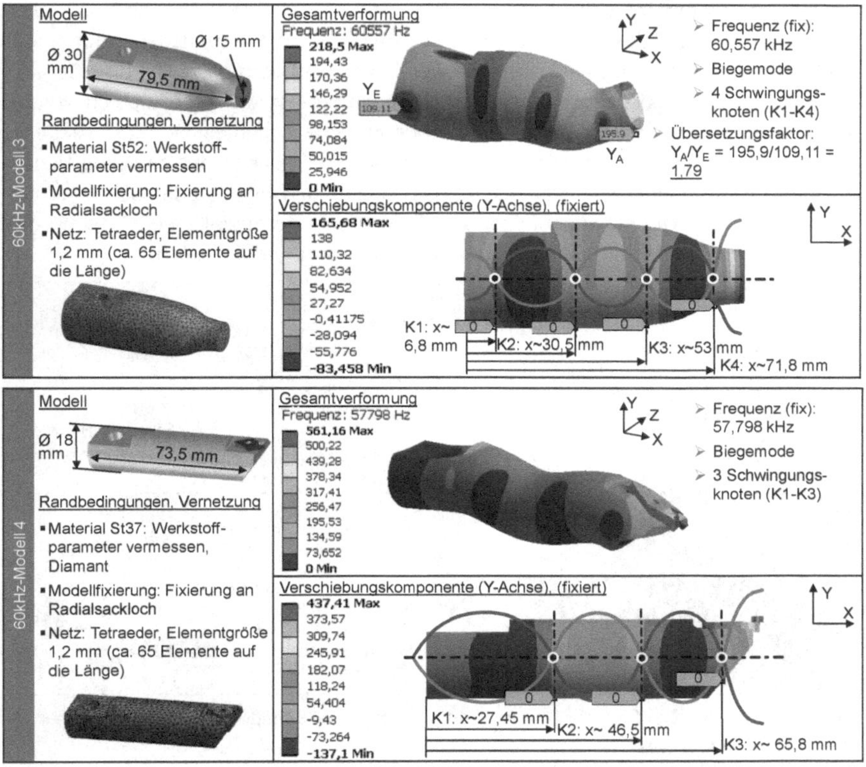

Bild 6-12: Simulationsergebnisse 60 kHz Biegeschwinger, Modelle 3 und 4
Simulation results 60 kHz flexural oscillators, models 3 and 4

6.2 Modellvalidierung

Model validation

Bei der Modellvalidierung wird die Güte der Berechnungsergebnisse anhand von Prüfstandsuntersuchungen ermittelt.

6.2.1 Aufbau geeigneter Prüfstände

Assembly of test benches

Die Schwingeigenschaften der im vorherigen Kapitel vorgestellten exemplarischen Schwingermodelle, die experimentell untersucht wurden, sind die Resonanzfrequenz, der Eigenmode, die Anzahl und Position der Schwingungsknoten und der Übersetzungsfaktor. Die Resonanzfrequenz der 20 kHz- und 40 kHz-Modelle kann mit dem SMG (Kapitel 4.2.1) messtechnisch ermittelt werden. Da das SMG nur für Frequenzen bis 52 kHz ausgelegt ist, wurden die Resonanzfrequenzen der 60 kHz-

Modelle laservibrometrisch bestimmt: Die Modelle wurden mit einem 60 kHz-Schallwandler zu Schwingungen angeregt, der an den Frequenzgenerator angeschlossen ist. Am Frequenzgenerator wurde ein Frequenzintervall nahe 60 kHz durchlaufen und gleichzeitig mit einem Laservibrometer die Amplitude in Hauptschwingrichtung am freien Ende des Schwingermodells gemessen. Die Frequenz, bei der die Auslenkung maximal ist, ist die Resonanzfrequenz des Systems Schallwandler - Schwingermodell. Der Eigenmode, Anzahl und Position der Schwingungsknoten sowie der Übersetzungsfaktor aller Biegeschwingermodelle wurde mittels des im Bild 6-13 dargestellten Messaufbaus durch Laservibrometrie bestimmt.

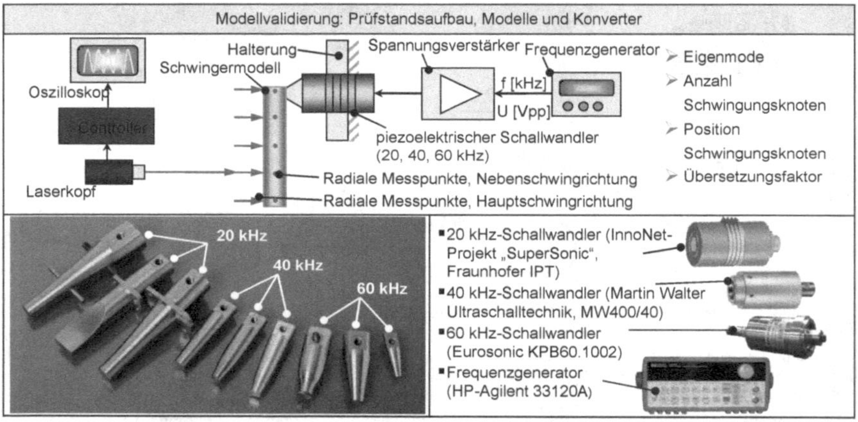

Bild 6-13: Prüfstandsaufbau zur Messung der Schwingeigenschaften der Biegeschwinger

Test bench for oscillation measurement of flexural oscillators

Durch den Frequenzgenerator kann eine Frequenz im Ultraschallbereich und eine Wechselspannung bis zu 10 Vpp vorgegeben werden. Die Spannung wird über einen Spannungsverstärker verstärkt und in einen piezoelektrischen Schallwandler eingespeist. Für diese Prüfstandsuntersuchungen wurden jeweils ein 20 kHz-, ein 40 kHz- und ein 60 kHz-Schallwandler verwendet, die je nach zu dem untersuchenden Frequenzbereich eingewechselt wurden. An den Schallwandler wurde das Schwingermodell radial angeschraubt. Der Schallwandler regt das Schwingermodell zu Biegeschwingungen an. Die Schwingungsamplituden wurden auf der Oberfläche des Biegeschwingers an radialen Messpunkten in Hauptschwingrichtung, in Nebenschwingrichtung und ggf. an axialen Messpunkten in Nebenschwingrichtung mit dem Laservibrometer detektiert und am Oszilloskop ausgewertet. Dabei wurden die Messwerte axial auf der Oberfläche des Schwingers in Abständen von 2,5 mm bis 5 mm aufgenommen. Anschließend wurde mit dem Laserstrahl kontinuierlich über die Linie der Messpunkte verfahren, um die genaue Lage der Schwingungsknoten zu bestimmen. Unten im Bild 6-13 sind die gefertigten Biegeschwingermodelle sowie die Schallwandlertypen gezeigt.

6.2.2 Funktionsvalidierung der Biegeschwingermodelle

Function validation of flexural oscillators

Bild 6-14, Bild 6-15 und Bild 6-16 zeigen die Ergebnisse der Messungen an den 20 kHz bis 60 kHz-Biegeschwingermodellen. Links im Bild sind die Versuchseinstellungen, die Ergebnisse der Frequenzmessung, der Modebestimmung und der Bestimmung des Übersetzungsfaktors zu sehen. Rechts im Bild sind die gemessenen radialen Schwingungsamplituden in Haupt- (HS) und Nebenschwingrichtung (NS) in Abhängigkeit von der Schwingerlänge aufgetragen. Haupt- und Nebenschwingrichtung liegen senkrecht zueinander. Im Diagramm darüber ist zum direkten Vergleich des Schwingungsmodes mit den Messwerten jeweils das Bild der berechneten Gesamtverformung des Schwingermodells eingefügt.

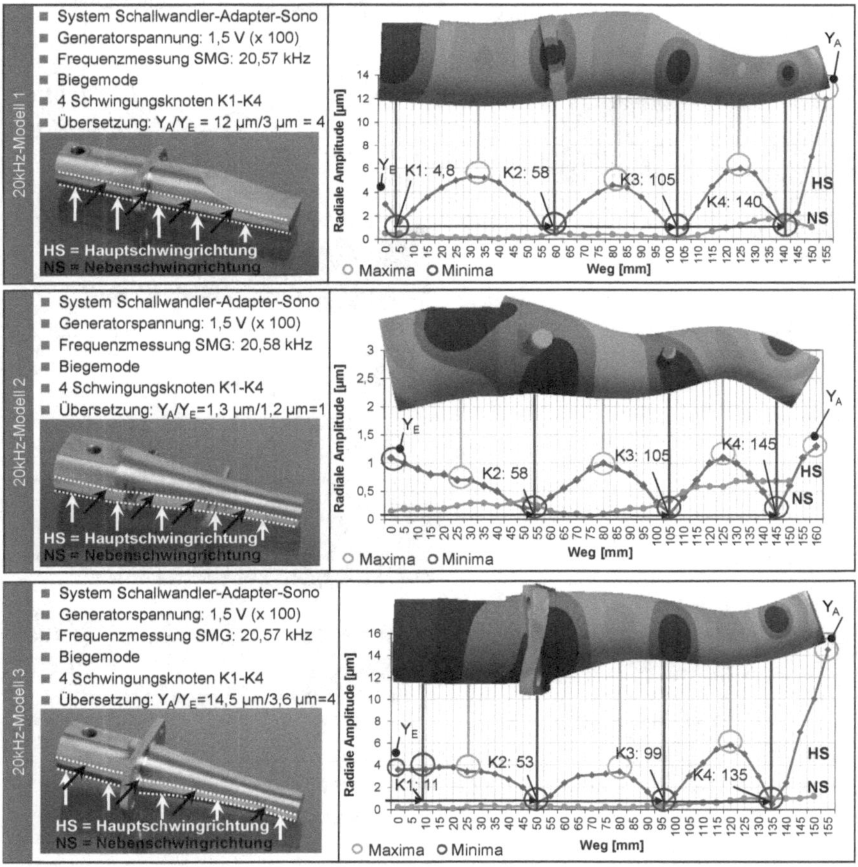

Bild 6-14: Messtechnische Validierung der 20 kHz Biegeschwinger, Modelle 1, 2 und 3

Measurement validation of 20 kHz flexural oscillator, models 1, 2 and 3

Bei allen drei Modellen im Bild 6-14 ist deutlich zu erkennen, dass die radiale Schwingungsamplitude in der Hauptschwingrichtung ausgeprägte Maxima und Minima über die Schwingerlänge hat. Die radiale Schwingungsamplitude in Nebenschwingrichtung bleibt dagegen bei allen Modellen fast konstant klein. Damit ist der Biegemode eindeutig identifiziert. Die Maxima stellen die Position der Schwingungsbäuche und die Minima die der Schwingungsknoten dar. Bei den Modellen 2 und 3 ist der erste Schwingungsknotenpunkt aufgrund der Anbindung an den Schallwandler an dieser Stelle nicht ausgeprägt. Die Schwingung des Schallwandlers überlagert in radialer Hauptschwingrichtung die sich hier bildende Schwingungsnullstelle.

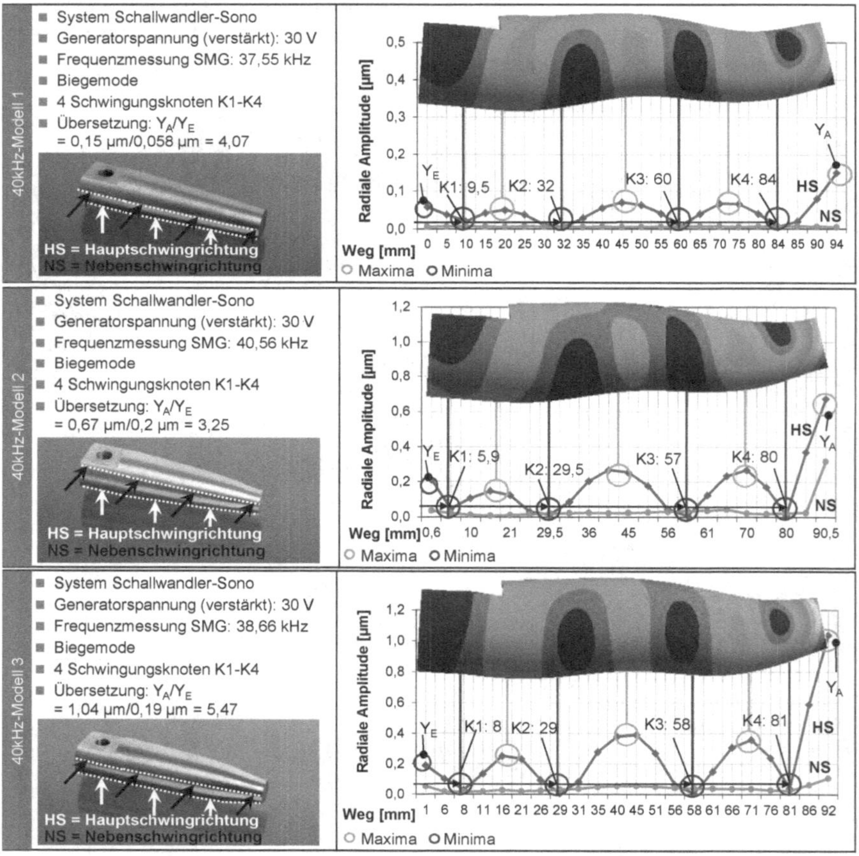

Bild 6-15: Messtechnische Validierung der 40 kHz Biegeschwinger, Modelle 1, 2 und 3

Measurement validation of 40 kHz flexural oscillators, models 1, 2 and 3

Bild 6-15 veranschaulicht die Ergebnisse der messtechnischen Untersuchung der 40 kHz-Biegeschwingermodelle. Auch hier ist der Biegemode durch Vergleich der Amplituden in Haupt- und in Nebenschwingrichtung eindeutig identifizierbar. Für die Modelle wurden vier Schwingungsknotenstellen berechnet. Deren Positionen wurden mit der Laservibrometrie präzise bestimmt. Die Eingangsspannung am 40 kHz-Schallwandler wurde für diese Untersuchungen auf 30 Vpp eingestellt. Daher sind die Schwingungsamplituden am Schwingermodell gering. Dennoch ist jeweils die erste Knotenstelle K1 gut zu messen und wird nicht überlagert.

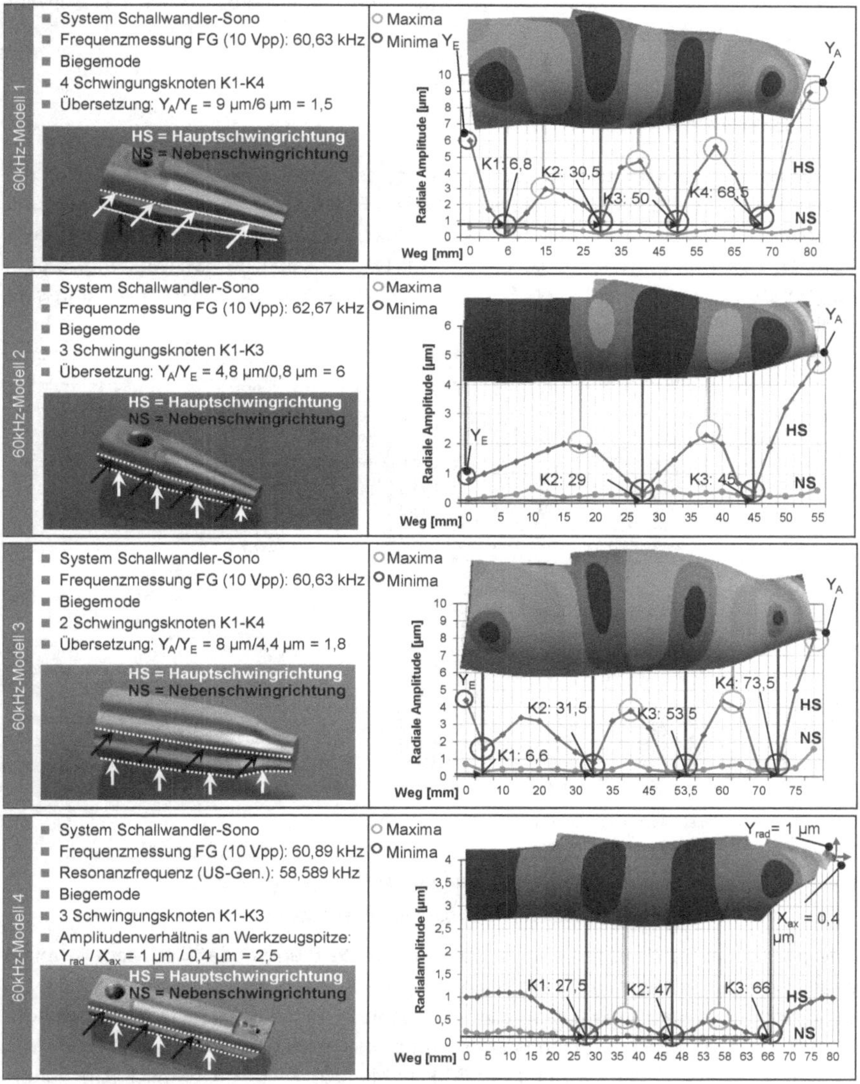

Bild 6-16: Messtechnische Validierung der 60 kHz Biegeschwinger, Modelle 1, 2, 3 und 4

Measurement validation of 60 kHz flexural oscillators, models 1, 2, 3 and 4

Im Bild 6-16 sind die Ergebnisse der Untersuchungen der 60 kHz-Biegeschwingermodelle zu sehen. Links sind die Ergebnisse der Messung der Frequenz und des Übersetzungsfaktor, rechts die Messung der Schwingungsamplituden dargestellt. Auch hier ist der Biegemode bei den Modellen durch Vergleich der Amplituden in Haupt- und in Nebenschwingrichtung zweifelsfrei identifizierbar. Auch die Schwingungsknoten sind exakt bestimmt.

6.2.3 Bewertung der Auslegungsmethode

Evaluation of design method

Zur Bewertung der Methode zur Auslegung von Biegeschwingermodellen wurden die Berechnungs- und die Versuchsergebnisse von Eigenmode, Resonanzfrequenz und Übersetzungsfaktor, also das Verhältnis der Schwingungsamplituden an zwei Punkten des Schwingers, sowie die Anzahl und Position der Schwingungsknoten verglichen und die prozentualen Abweichungen bestimmt (Modelle im Anhang sind auch in der Bewertung mit einbezogen).

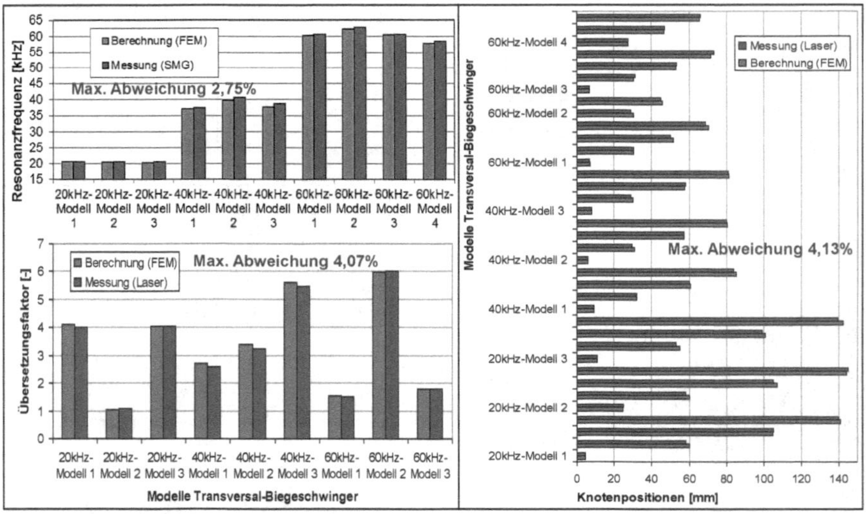

Bild 6-17: Vergleich der Berechnungs- mit den Versuchsergebnissen

Comparison of calculation and experimental analysis

Wie im Kapitel 6.2.2 dargestellt, ist der berechnete Biegemode aller Modelle exakt experimentell nachweisbar. Ebenso stimmt die Anzahl aller berechneten Schwingungsknoten mit den Versuchsergebnissen überein. Bild 6-17 zeigt den Vergleich für Resonanzfrequenz, Übersetzungsfaktor und Knotenpositionen der 20 kHz-Modelle 1 - 3, der 40 kHz-Modelle 1 - 3 und der 60 kHz-Modelle 1 - 4 im Überblick. Die mittels der FEM-basierten Berechnungsmethode ausgelegten Resonanzfrequenzen der Modelle liegen mit einer maximalen Abweichung von 2,75 % knapp unter den experimentell ermittelten Frequenzen. Die maximale Abweichung zwischen berechneten und gemessenen Übersetzungsfaktoren liegt bei ca. 4 %, ebenso die Abweichung in der Knotenlage.

Die Messergebnisse stimmen im Wesentlichen mit den Berechnungsergebnissen überein. Hier zeigt sich die Güte der Auslegungsmethode vom Basismodell zum fertigen Schwinger. Es ist so möglich, das Praxisverhalten von Biegeschwingern in hoher Qualität vorherzubestimmen.

Darüber hinaus vermindert die Methode den Zeitaufwand für die Gesamtauslegung wesentlich. Dies zeigt die Abschätzung im Bild 6-18. Hier wird der Zeitaufwand zur Entwicklung eines Biegeschwingers mit einer konventionellen Methode, basierend auf Erfahrungswerten eines erfahrenen Entwicklers, mit der in dieser Arbeit vorgestellten Methode verglichen. Die größten Zeitfaktoren bei einer konventionellen Methode sind die manuelle Iteration in der Modellberechnung und die Überarbeitung. Daher liegt hier mit der Auslegungsmethode die größte Einsparung von Entwicklungszeit vor.

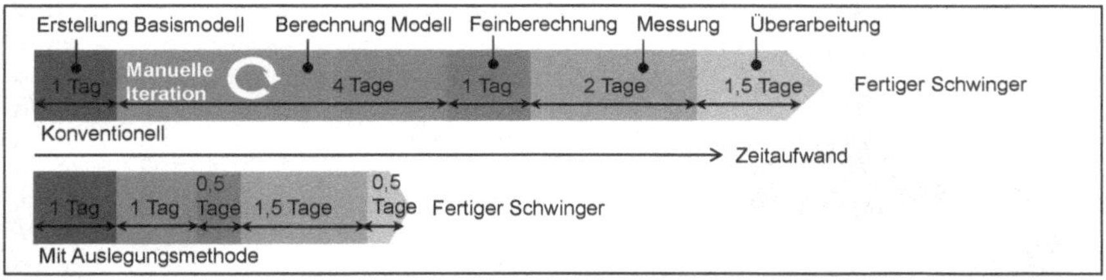

Bild 6-18: Abschätzung des Zeitaufwands zur Entwicklung eines Biegeschwingers (Beispiel aus Erfahrungswerten)

Estimated expenditure of time for flexural oscillator development (experienced example)

6.3 Mischmode-Biegeschwinger für das Ultraschalldrehen

Mixmode-flexural oscillator for ultrasonic turning

Ein reiner Biegeschwinger ist für das Ultraschalldrehen nur bedingt geeignet. Das veranschaulicht Bild 6-19: Wird ein Diamantdrehwerkzeug auf einen Biegeschwinger montiert, folgt die Diamantspitze einer annähernd bogenförmigen Bewegungsbahn, die durch die Biegeschwingungsamplitude des Schwingers verursacht wird. Die Schwingbewegung der Diamantspitze teilt sich in einen radialen und axialen Amplitudenanteil auf. Das 60 kHz-Modell 4 mit montiertem Drehwerkzeug aus Kapitel 6.1.5 zeigt diesen Fall: Hier beträgt das Verhältnis zwischen radialem und axialem Amplitudenanteil der Diamantspitze 2,5. Die Diamantspitze hat also während der Schwingbewegung einen relativ hohen Bewegungsanteil in axialer Richtung. Dadurch kommt es zu einer Kollision der Diamantspitze mit der Werkstückoberfläche beim Rückschlagen der Werkzeugspitze (Bild 6-19, unten, t4).

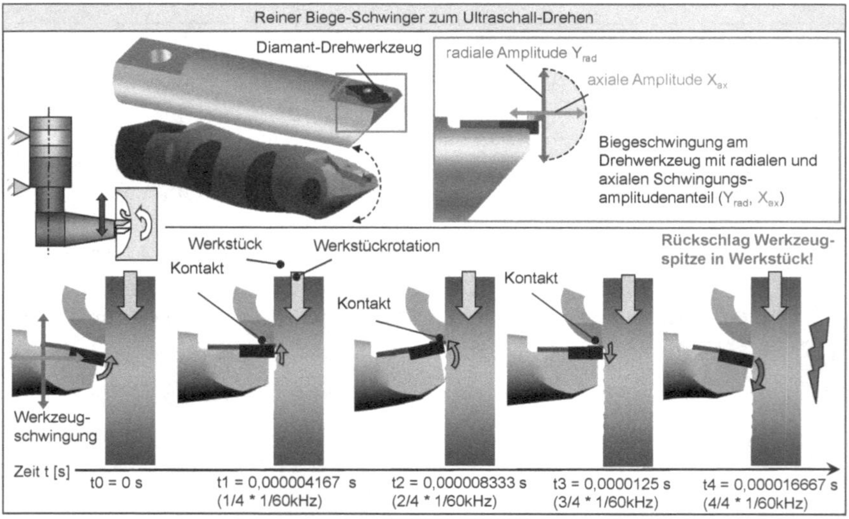

Bild 6-19: Effekt eines reinen Biegeschwingers beim Ultraschalldrehen

Effect of pure flexural oscillator in ultrasonic turning

Die Kollision verschlechtert die Oberfläche des Werkstücks und führt zu Werkzeugbruch. Um diese negative Effekte zu vermeiden, wurde mit der Auslegungsmethode ein sogenannter Mischmode-Biegeschwinger entwickelt, mit dem der Anteil der Axialschwingung der Werkzeugspitze in Richtung Werkstückoberfläche maximal reduziert wird (Bild 6-20).

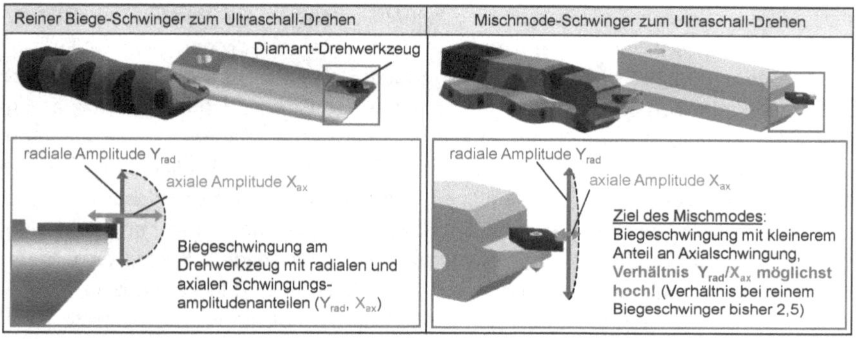

Bild 6-20: Ziel des Mischmode-Biegeschwingers

Aim of mixmode-flexural oscillator

Das Modell des Mischmode-Biegeschwingers sowie die Simulationsergebnisse der detaillierten Endberechnung sind im Bild 6-21 dargestellt. Links sind das 3D-Modell, das Material, die Fixierungs- und Vernetzungsbedingungen zu sehen und rechts die Gesamtverformung und die Verschiebung in die radiale Hauptschwingrichtung Y mit Lage der Schwingungsknoten. Der Schwinger aus C45E besteht aus zwei Biegeschwingerarmen 1 (breit) und 2 (schmal), die an einem Ende verbunden sind. Am Verbindungssteg (Übergang) ist eine Verlängerung angebracht, auf der das Drehwerkzeug montiert wird. Arm 1 weist vier, Arm 2 fünf Schwingungsknoten auf.

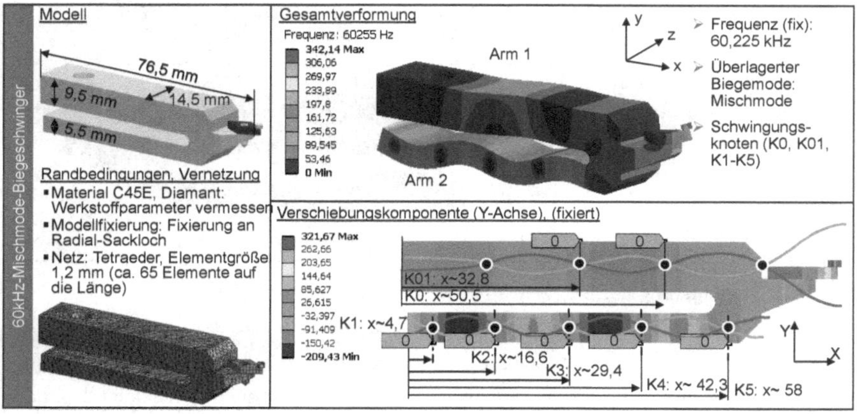

Bild 6-21: Simulationsergebnisse des Mischmode-Biegeschwingers

Simulation results of mixmode-flexural oscillator

Arm 1 wird radial an einem Ende fixiert (Schallwandlerkontakt), Arm 2 schwingt am Ende frei. Bei der berechneten Frequenz 60,225 kHz bildet sich in jedem Arm eine stehende Biegewelle (Wellen 1 und 2) aus. Diese beiden stehenden Wellen überlagern sich am Übergang. Bild 6-22 zeigt dies im Detail: Links im Bild sind die Daten aus der Vordimensionierung des Basismodells des zweiarmigen Schwingers dargestellt. Mit der Gleichung zur Berechnung der Wellenlänge einer Biegewelle in Stäben (Gl. 2-8) lassen sich die Wellenlängen der zwei unterschiedlichen Biegewellen bei der Frequenz 60,225 kHz in jedem Arm ermitteln: Der Radius r eines Stabs in der Gleichung kann hierbei mit der Breite des jeweiligen Arms in Hauptschwingrichtung gleichgesetzt werden, da sich der Arm in dieser Richtung annähernd wie ein Stab verhält. Am Übergang verlängert sich in beiden Armen die Wellenlänge, da die Armbreite sich vergrößert. Die Armlängen sind so dimensioniert, dass sich eine räumliche Phasenverschiebung um 8,5 mm zwischen den beiden stehenden Wellen am Übergang ergibt. Diese Verschiebung bzw. Wellenüberlagerung führt dazu, dass die Werkzeugschwingung, die hauptsächlich von der stehenden Welle in Arm 1 bestimmt wird, durch Arm 2 gedämpft wird. Dadurch übt die Werkzeugspitze nicht mehr eine bogenförmige Bewegung sondern eine nahezu lineare Bewegung in der radialen Hauptschwingrichtung aus. Dieser Effekt wird zusätzlich durch eine Stauchung des Materials im Übergangsbereich zum Zeitpunkt 1 bzw. Dehnung zum Zeitpunkt 2 unterstützt. Das Verhältnis von radialer zu axialer Schwingungsamplitude an der Werkzeugspitze wird maximiert.

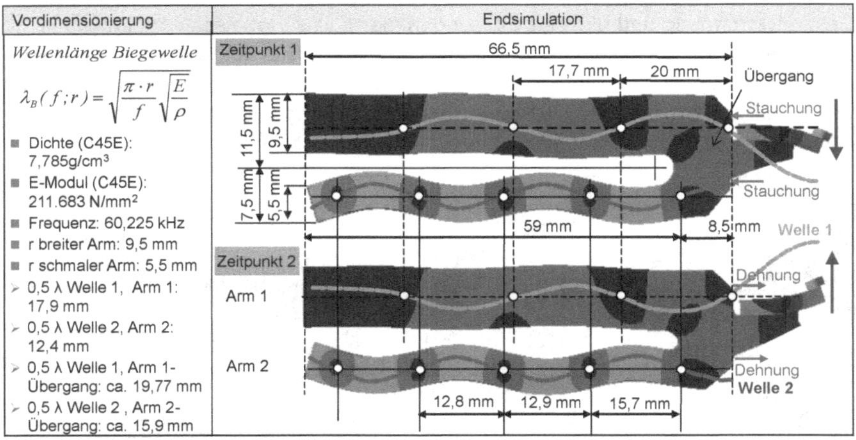

Bild 6-22: Überlagerung der Biegewellen im Mischmode-Biegeschwinger

Superposition of flexural waves in mixmode-flexural oscillator

Zur Prüfung des simulierten Effekts wurde das Modell gefertigt und an den Prüfstand angeschlossen, mit dem bereits die reinen 60 kHz-Biegeschwingermodelle aus dem vorherigen Kapitel untersucht wurden. Bild 6-23 zeigt die laservibrometrisch ermittelten Messergebnisse. Die Lage der Knotenstellen stimmt mit einer maximalen Abweichung von 0,2 % mit den berechneten Knotenlagen überein. Das Verhältnis von radialer zu axialer Schwingungsamplitude an der Werkzeugspitze beträgt 12 und ist damit um den Faktor 4,8 größer als bei einem reinen Biegeschwinger (60 kHz-Biegeschwinger Modell 4). Damit ist die Möglichkeit aufgezeigt, wie ein Biegeschwinger so modifiziert werden kann, dass auch solche Anforderungen erfüllt werden können, die z.B. das Ultraschalldrehen von komplexen Werkstücken stellt.

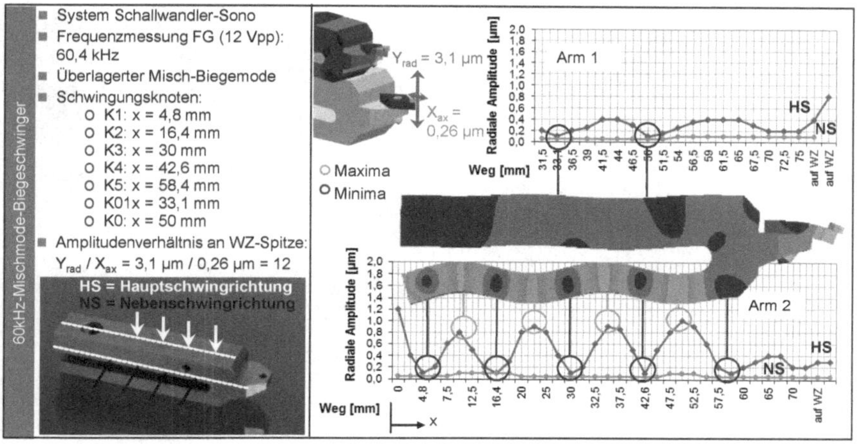

Bild 6-23: Messtechnische Validierung des 60 kHz Mischmode-Biegeschwingers

Measurement validation of 60 kHz mixmode-flexural-oscillator

Die Auslegung dieser Art von Biegeschwingern mit überlagerten stehenden Wellen und einfacher Schallwandleranregung wurde im Zeitraum der Erstellung der vorliegenden Arbeit zum Patent angemeldet. Für die Erfindung gibt es viele Verwendungsmöglichkeiten: In der Optikindustrie ist es möglich, mit monokristallinen Diamantwerkzeugen komplexe Bauteile aus gehärtetem Stahl ultrapräzise zu bearbeiten. Weiterhin können solche Schwinger zur Herstellung von Freiformoberflächen direkt auf Glasmaterialien als Vorbearbeitungsschritt für optische Anwendungen genutzt werden. Auch bei anderen ultraschallunterstützten spanenden Fertigungsverfahren, z.B. beim Schleifen oder Bohren können schwer zugängliche Werkstücke durch Mischmodeschwinger mit Ultraschall bearbeitet werden. Ultraschallunterstützte Trennverfahren wie z.B. Schneiden und Sägen in Technik und Medizin können hinsichtlich neuer Schnittverfahren und schneidbaren Materialien erweitert werden. Darüber hinaus ist die Erfindung im Bereich ultraschallunterstützter Fügeverfahren einsetzbar, wenn in filigranen oder schwer erreichbaren Werkstückbereichen gefügt werden muss. Auch in der Medizintechnik können die derzeit eingesetzten chirurgischen Ultraschallinstrumente mittels der Erfindung viel breitere Anwendungsgebiete erhalten; neue Operationsverfahren können entwickelt werden.

7 Prototypische Hybridsysteme für ausgewählte Ultraschallreferenzprozesse

Prototypical hybrid systems for ultrasonic reference processes

In diesem Kapitel wird die Entwicklung von hybriden Aufsatzmodulen für die ausgewählten Referenzprozesse ultraschallunterstütztes Superfinishing und Drehen mit Längs- und Biegeschwingsystemen beschrieben. Im Vordergrund stehen dabei der Aufbau und die Funktionsweise der Prototypen sowie deren Einbindung in ein Maschinensystem. Weiterhin werden erste, mit den Prototypen durchgeführte Bearbeitungsversuche erläutert.

7.1 Prototyp für das Ultraschallsuperfinishing

Prototype for ultrasonic superfinishing

7.1.1 Aufbau und Funktionsweise

Assembly and function

In der Tabelle 7-1 sind die technischen Vorgaben bzw. Anforderungen an den Prototyp für das ultraschallunterstützte Superfinishing und die zu bearbeitenden Werkstückproben gelistet (basierend auf dem Forschungsprojekt „SonicFinish - Entwicklung des ultraschallunterstützten Superfinishings"). Die Liste ist unterteilt in Werkstückproben, Aufsatzmodul, Ultraschallsystem und Maschine. Die Vorgaben leiten sich mit Ausnahme der Anforderungen an das Ultraschallsystem aus der konventionellen Superfinishbearbeitung ab.

Mit der ultraschallunterstützten Superfinisheinheit sollen Demonstratorwerkstücke bearbeitet werden. Diese sind zylindrische Bauteile unterschiedlicher Durchmesser und Längen, aus gehärtetem Stahl bzw. Wälzlagerstahl 100Cr6, und werden vor dem Superfinishing zunächst in den Fertigungsschritten Sägen, Zentrieren, Härten und Schleifen vorbearbeitet. Nach dem (ultraschallunterstützten) Superfinishing soll der Mittenrauwert Ra 0,015 - 0,2 µm betragen.

Die ultraschallunterstützte Superfinisheinheit soll als Aufsatzmodul an eine Maschine LCM 2.000 plus der Supfina Grieshaber GmbH bzw. an eine weitere Versuchsmaschine zur Bearbeitung großer Lagerringe montierbar sein. Darüber hinaus soll das Modul die Prozessparameter des konventionellen Superfinishprozesses abbilden können, die in der Tabelle 7-1 dargestellt sind. Dazu gehört die Einsetzbarkeit von sowohl Stein- als auch Bandwerkzeugen, die mit einem definierten Anpressdruck an das rotierende zylindrische Werkstück gepresst werden und eine niederfrequente Axialoszillation mit vorgegebener Frequenz und Hub ausführen. Die Rotation des Werkstücks wird über die Werkstückspindel der Maschine der Supfina GmbH realisiert. Die konventionelle Prozesskinematik soll mit einer definierten Ultraschallschwingung des Werkzeugs in radialer Richtung zur Werkstückachse überlagert werden.

Werkstückproben	
Material	100Cr6 und gehärteter Stahl
Geometrie	Zylindrisch, Länge 50 - 300 mm, Durchmesser 15 - 30 mm
Mittenrauwert Ra nach Superfinishing	0,015 - 0,2 µm
Rautiefe Rz nach Superfinishing	0,015 - 2 µm
Fertigungsschritte 1-5	1. Sägen, 2. Zentrieren, 3. Härten, 4. Schleifen, 5. (US)-Superfinishing
Aufsatzmodul und Ultraschallsystem	
Werkzeuge	Stein- und Bandwerkzeuge
Erzeugung Axialoszillation des Werkzeugs	Elektrisch über Exzenterantrieb
Axialer Oszillationsweg des Werkzeugs	0,5 - 6 mm
Axiale Oszillationsfrequenz des Werkzeugs	0,83 - 20 Hz
Erzeugung radialer Anpressdruck, Druckluftversorgung	Pneumatisch, Anschluss an Versorgung der Maschine
Konstanter Anpressdruck des Werkzeugs an Werkstück	0,4 - 2,3 (Band) 0,5 - 3,9 (Stein) N/mm^2
Konstanthaltung des Anpressdrucks	über Druckregelventil
Erzeugung Bandspannung	Pneumatisch über Bandeinspannung
Erzeugung radiale Ultraschallschwingung Werkzeugs	piezoelektrisch über Schwingungskette
Erzeugung Ultraschallfrequenz	Piezoelektrisch über Weber-US-Generator (1,2 kW)
Radiale Ultraschallamplitude des Werkzeugs	12 - 25 µm
Ultraschallfrequenz	19,5 - 21 kHz
Maschine	
Werkstückdrehzahl	55 - 1.555 U/min (Werkstückspindel an Maschine)
Kühlschmiermittel	Castrol Honilo 981

Tabelle 7-1: Technische Vorgaben an den Prototyp zum Ultraschallsuperfinishing

Technical requirements for prototype for ultrasonic superfinishing

Bild 7-1 zeigt den mechanischen Aufbau und die Kinematik des nach diesen Vorgaben entwickelten Geräteprototyps im Überblick. Der Aufbau besteht aus den drei Hauptbaugruppen Werkzeugeinheit, Exzentereinheit und Ausgleichseinheit, die auf einem radialen Vorschubschlitten, der mit einer pneumatischen Vorschubeinheit gekoppelt ist, montiert sind. Über den pneumatisch angetriebenen radialen Vorschubschlitten wird über die Werkzeugeinheit der definierte, konstante, radiale Anpressdruck zwischen Werkzeug und Werkstückoberfläche erzeugt. Der Anpressdruck des Werkzeugs an das Werkstück beträgt je nach Werkzeugart ca. 0,4 - 4 N/mm^2. Er wird über eine pneumatische Einheit erzeugt, die an die Versorgungseinheit der Supfina-Maschine angeschlossen ist und über ein Druckregelventil konstant gehalten wird.

Die Bewegung zwischen Werkzeug und Werkstück kann in zwei Geschwindigkeitskomponenten zerlegt werden: In die axiale Vorschubgeschwindigkeit des Werkzeugs und die tangentiale Vorschubgeschwindigkeit des zylindrischen Werkstücks (Werkstück ist im Bild nicht gezeigt). Die tangentiale Vorschubgeschwindigkeit ist konstant und resultiert aus der Rotationsgeschwindigkeit des Werkstücks. Die axiale Vorschubgeschwindigkeit des Werkzeugs ist eine oszillierende Bewegung. Zur Erzeugung der niederfrequenten Axialoszillation des Werkzeugs bzw. der gesamten Werkzeugeinheit ist der elektrische Exzenterantrieb vorgesehen, dessen Drehzahl und somit die Oszillationsfrequenz variabel sind. Die Rotationsbewegung der Exzentereinheit wird in eine translatorische Hubbewegung der gekoppelten Werkzeugeinheit mit einer Hubfrequenz von 0 Hz bis 20 Hz und einer Hublänge (Oszillationsweg) zwischen 0,5 mm und 6 mm (± 3 mm) gewandelt. Symmetrisch zur Werkzeugeinheit ist auf der gegenüberliegenden Seite der Exzentereinheit die Ausgleichseinheit angebracht. Diese führt gegenläufig zur Werkzeugeinheit eine niederfrequente Axialoszillation mit gleicher Hubfrequenz und Hublänge aus. Dadurch wird die Einleitung von Störvibrationen in umliegende Bauteile reduziert.

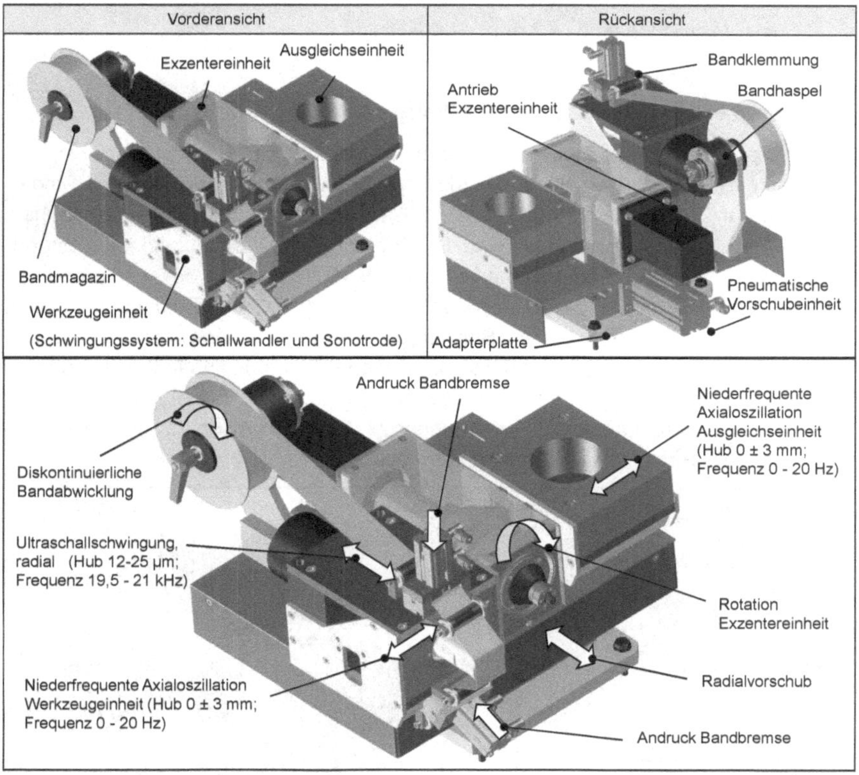

Bild 7-1: Mechanischer Aufbau und Kinematik des Prototyps zum Ultraschallsuperfinishing

Assembly and kinematics of prototype for ultrasonic superfinishing

Die konventionelle Werkzeugbewegung wird mit einer Schwingung des Werkzeugs in radialer Richtung überlagert, deren Frequenz im Ultraschallbereich liegt. Ein Ultraschallschwingsystem erzeugt die radiale Werkzeugschwingung. Es überführt die erzeugten Ultraschallschwingungen in die Prozesszone. Das Werkzeug schwingt radial zum Werkstück mit einer Ultraschallfrequenz von 19,5 kHz bis 21 kHz und einer Schwingungsamplitude von 12 µm bis 25 µm. Die Längsschwingereinheit wird mit einem Ultraschallkonverter und Generator der Fa. Weber Ultrasonics betrieben und ist in der Werkzeugeinheit integriert.

Der industrielle Geräteprototyp soll in die Maschinensteuerung einer Superfinishmaschine integriert werden und möglichst autark und ohne großes Spezialwissen betrieben werden können. Im Folgenden sind die Hauptkenndaten des Geräteprototyps zusammengefasst:

- Ultraschallfrequenz (ca. 20 - 25 kHz)
- Radiale Ultraschallamplitude (ca. 12 - 25 µm)
- Axiale Oszillationsfrequenz (0 - 20 Hz)
- Axialer Oszillationshub (± 3 mm)
- Anpressdruck (0,4 - 4 N/mm^2)
- Werkzeugtyp: Sonotroden für den Prototyp

Bild 7-2 zeigt die Werkzeugeinheit im Detail. In diese ist das Ultraschallschwingsystem, bestehend aus einem piezoelektrischem Schallwandler und dem Schwingerwerkzeug zur Erzeugung der notwendigen Werkzeugschwingung, integriert. Schallwandler und Schwingerwerkzeug sind im Rahmen der Werkzeugeinheit gelagert. Das Schwingerwerkzeug wird dabei am Lagerflansch fixiert, in dessen Ebene der Schwingungsknotenpunkt berechnet wurde. Die Einheit ist so konstruiert, dass unterschiedliche Bauarten von Schwingerwerkzeugen eingewechselt werden können. Diese können mit Superfinishsteinen oder Superfinishbändern kombiniert sein, je nach Ausführung des Werkzeugaufsatzes. Zum Einsatz eines Superfinishbands sind ein Bandmagazin, Bandführungen und Bandbremsen zur diskontinuierlichen Bandabwicklung bzw. -spannung vorgesehen.

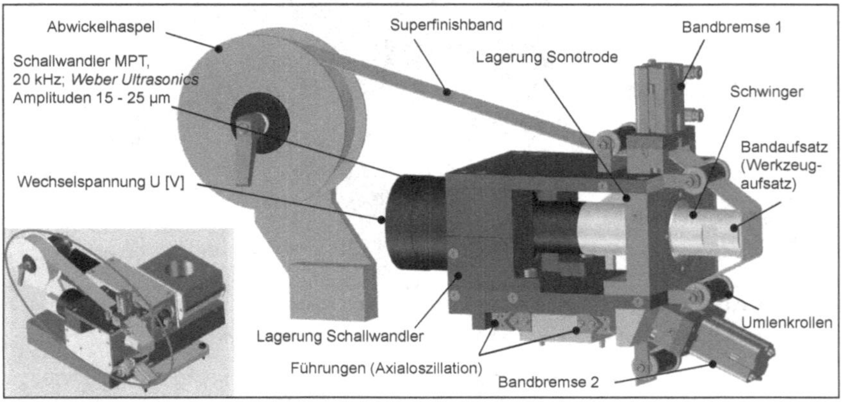

Bild 7-2: Detailansicht der Werkzeugeinheit des Prototyps

Detail view of tool unit of prototype

Bild 7-3 zeigt eine Schnittansicht der Exzentereinheit im Detail. Die Exzentereinheit besteht aus einem Servoantrieb, der über eine Kupplung mit einer Abtriebswelle verbunden ist. Diese Abtriebswelle ist mit zwei exzentrischen Sitzen für Exzenterbuchsen versehen. Diese Exzenter sind über Pleuel mit der Werkzeugeinheit bzw. der Ausgleichseinheit verbunden.

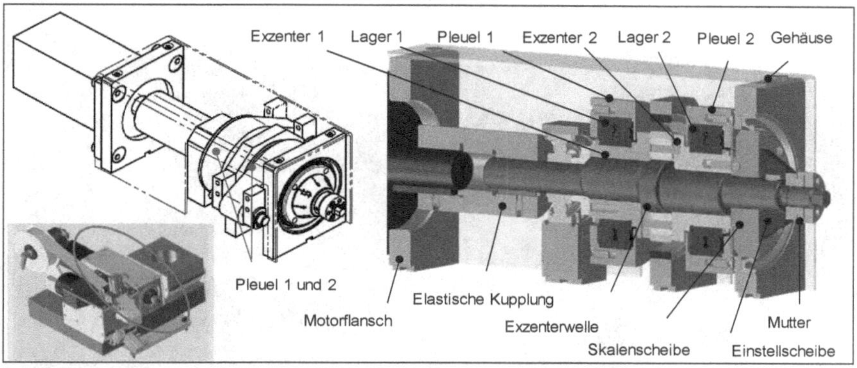

Bild 7-3: Detailansicht der Exzentereinheit des Prototyps

Detail view of excenter unit of prototype

Der Oszillationshub kann durch das Verdrehen einer Einstellscheibe, die mit den Exzentern verbunden ist, gegen die Exzenterwelle eingestellt werden. Der Vorgang wird im Bild 7-4 dargestellt.

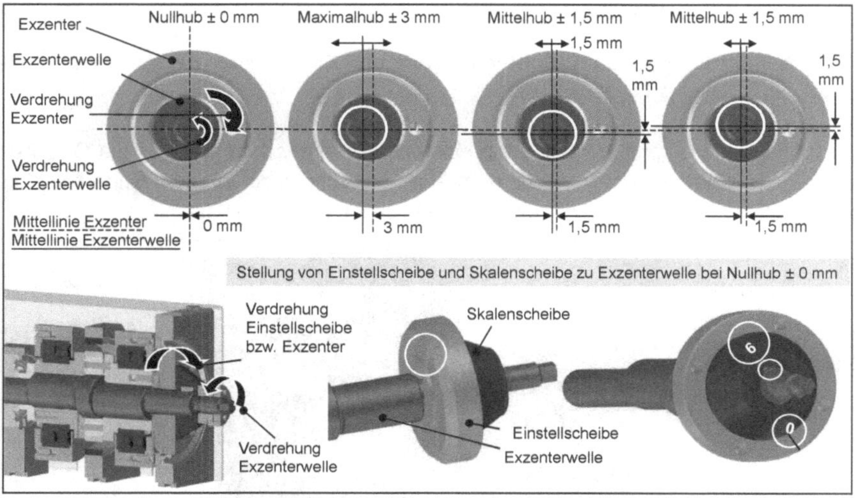

Bild 7-4: Einstellung der Exzentereinheit

Adjustment of excenter unit

Der Geräteprototyp ist so symmetrisch aufgebaut, dass ein Austausch von Werkzeugeinheit und Ausgleichseinheit möglich ist. Damit wird gewährleistet, dass ein Einbau des Moduls nicht nur in eine Werkzeugmaschine LCM 2.000 plus der Supfina Grieshaber GmbH, sondern auch die Montage auf einer weiteren Versuchsmaschine zum Superfinishing großer Lagerringe möglich ist. Bild 7-5 zeigt den mechanischen Aufbau des Moduls im Gesamten und im Detail.

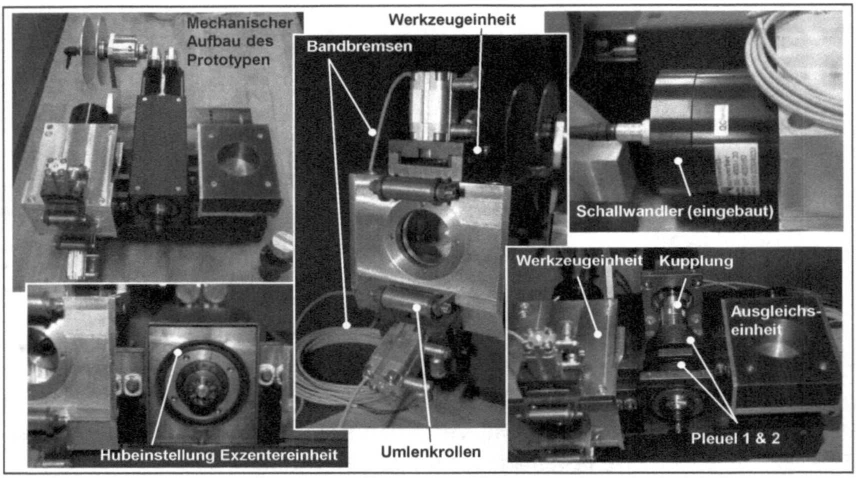

Bild 7-5: Montage des Prototyps

Assembly of prototype

7.1.2 Einbindung in das Maschinensystem und Funktionsprüfung

Integration in machine system and function test

Bild 7-6 zeigt das Modul, integriert in eine Werkzeugmaschine der Supfina Grieshaber GmbH. Hierbei handelt es sich um eine Versuchsmaschine zum Superfinishing von großen Lagerringen, in der der Prototyp vertikal angeordnet ist.

Bild 7-6: Einbau des Prototyps in die Werkzeugmaschine

Integration of prototype into machine tool

Die Steuerung des Werkzeug-Axialvorschubs, der Werkzeug-Axialoszillation und des pneumatischen Radialvorschubs ist jeweils in die Maschinensteuerung eingebunden. Extern wird der Ultraschall ein- und ausgeschaltet sowie die Ultraschallamplitude am Werkzeug eingestellt. Das Superfinishband wird getaktet, gespannt und pneumatisch geklemmt.

Die Funktionsprüfung erstreckt sich zum Einen auf die Bewegungsachsen des in die Werkzeugmaschine integrierten Prototyps, die durch die Maschine gesteuert werden. Dazu gehören der Axialvorschub, die Axialoszillation und der Radialvorschub. Diese entsprechen den bei der Konstruktion zu berücksichtigenden Anforderungen. Zum Anderen werden die Funktion und die Schwingeigenschaften des integrierten Ultraschallschwingsystems geprüft. Der Schwerpunkt der Erläuterungen ist hier auf die Prüfung des Schwingsystems gelegt.

Geprüft wurden die Schwingungsamplituden in axialer Hauptschwingrichtung des Längsmodes an den Werkzeugaufsätzen ausgewählter, im Prototyp eingebauter Ultraschallwerkzeuge zum Ultraschallsuperfinishing mit Stein und Bandwerkzeugen. Der Aufbau und die Schwingeigenschaften der ausgewählten Schwingerwerkzeuge wurden bereits im Kapitel 5 in Simulationsergebnissen und Prüfstandsuntersuchungen ausführlich erläutert. Die Funktionsprüfung im Geräteprototyp ist dennoch notwendig, um das Verhalten des gesamten Schwingsystems mit leistungsstärkerem Schallwandler, Lagerung etc. zu erfassen.

Bild 7-7 zeigt die Ergebnisse der Schwingungsmessungen, die laservibrometrisch erfasst wurden. Die longitudinalen bzw. axialen Ultraschallamplituden liegen dabei zwischen 20 µm und 24 µm je nach Werkzeug bei einer Amplitudeneinstellung am Ultraschallgenerator von 50 % (ca. 15 µm Schallwandler). Diese ist von 50 % bis 100 % variierbar. Die Resonanzfrequenzen des jeweiligen Gesamtsystems Schallwandler - Ultraschallwerkzeug liegen knapp über 20 kHz.

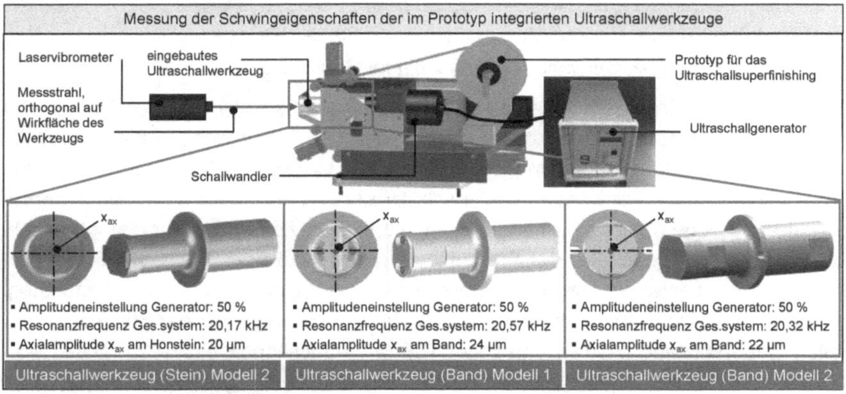

Bild 7-7: Funktionsprüfung, Messung der Schwingeigenschaften ausgewählter Werkzeuge

Function test, measurement of oscillation properties of chosen tools

7.1.3 Bearbeitungsversuche

Machining tests

Mit dem Prototyp für das Ultraschallsuperfinishing wurden in Zusammenarbeit mit dem Kompetenzzentrum Schleiftechnologie und Feinstbearbeitung (KSF), Furtwangen, innerhalb des InnoNet-Verbundprojekts SonicFinish Bearbeitungsversuche durchgeführt, deren Ergebnisse im Folgenden vorgestellt werden. Bild 7-8 gibt die Versuchsparameter, also die Eingangsgrößen, unterteilt in Werkstück-, Maschinen- und Ultraschallsystemparameter sowie die Messgrößen, anhand derer die Bearbeitungsergebnisse bewertet wurden, wieder. Die relevanten Messgrößen sind der Abtrag am Werkstück und die Qualität der Werkstückoberfläche, jeweils taktil mit einem Oberflächen- und Konturenmessgerät der Fa. Hommel-Etamic vermessen. Die Oberflächenstruktur wurde optisch mittels eines Mikroskops bewertet. Bearbeitet wurde die Außenfläche eines zylindrischen Lagerrings aus dem Stahl 100Cr6 mit Korund-Superfinishbändern unterschiedlicher Körnung.

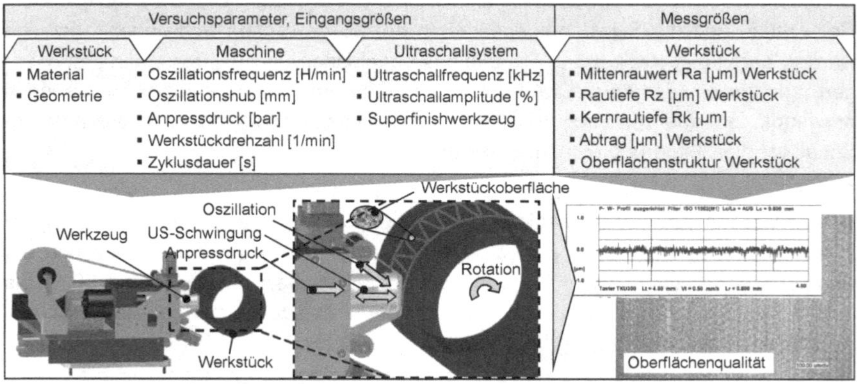

Bild 7-8: Versuchsparameter und Messgrößen für die Prozessversuche

Test parameters and measuring parameters for process tests

Bild 7-9 fasst die Bearbeitungsergebnisse zusammen. Es ist jeweils der Einfluss der Superfinish-Zyklusdauer, des Anpressdrucks, des Oszillationshubs und der Oszillationsfrequenz auf den Abtrag und die Rauheit der Werkstückoberfläche dargestellt. Dabei werden diese Parameter jeweils schrittweise variiert und die übrigen Parameter innerhalb eines Versuchs konstant gehalten. Der Abtrag am Werkstück erhöht sich, wenn die Zyklusdauer, der Anpressdruck, der Oszillationshub oder die Oszillationsfrequenz gesteigert werden, unabhängig von einer Ultraschallunterstützung. Wird die Ultraschallunterstützung eingeschaltet, so kann der Abtrag des konventionellen Superfinishing (Abtrag entspricht 100 %) jedoch noch bis zu ca. 60 % (Abtragsrate 160 % mit ultraschallunterstütztem Superfinishing) gesteigert werden. Bild 7-9, unten, zeigt einen prozentualen Vergleich des Zeitaufwands für 6 µm Abtrag mit und ohne Ultraschall.

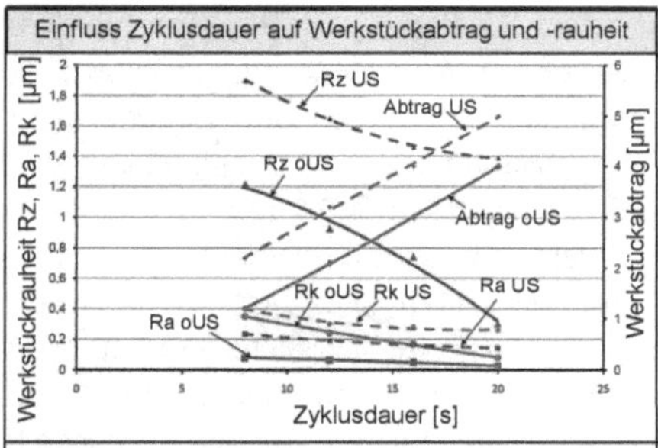

- Werkstück: Lagerring, Stahl 100Cr6
- Werkzeug: Band 400 (Korund)
- Anpressdruck: 4 bar
- Werkstückdrehzahl: 450 1/min
- Oszillationsfrequenz: 600 Hübe/min
- Oszillationshub: 3 mm
- Zyklusdauer: variabel
- Ultraschallfrequenz: 0 kHz oder ca. 20 kHz
- Ultraschallamplitude: 0% oder 60 % (14 µm)

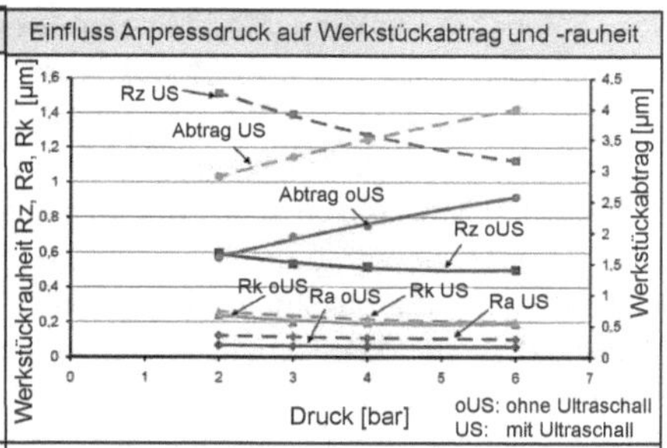

- Werkstück: Lagerring, Stahl 100Cr6
- Werkzeug: Band 1.000 (Korund)
- Anpressdruck: variabel
- Werkstückdrehzahl: 380 1/min
- Oszillationsfrequenz: 500 Hübe/min
- Oszillationshub: 4 mm
- Zyklusdauer: 16 s
- Ultraschallfrequenz: 0 kHz oder ca. 20 kHz
- Ultraschallamplitude: 0 % oder 60 % (4 µm)

Quelle: KSF Furtwangen

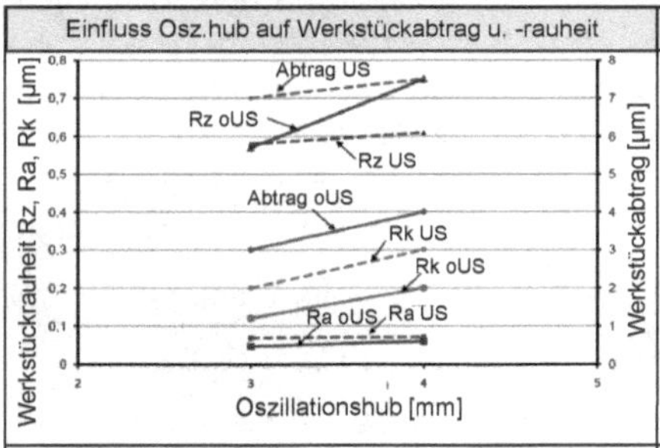

- Werkstück: Lagerring, Stahl 100Cr6
- Werkzeug: Band 400 (Korund)
- Anpressdruck: 4 bar
- Werkstückdrehzahl: 600 1/min
- Oszillationsfrequenz: 600 Hübe/min
- Oszillationshub: variabel
- Zyklusdauer: 16 s
- Ultraschallfrequenz: 0 kHz oder ca. 20 kHz
- Ultraschallamplitude: 0 % oder 60 % (14 µm)

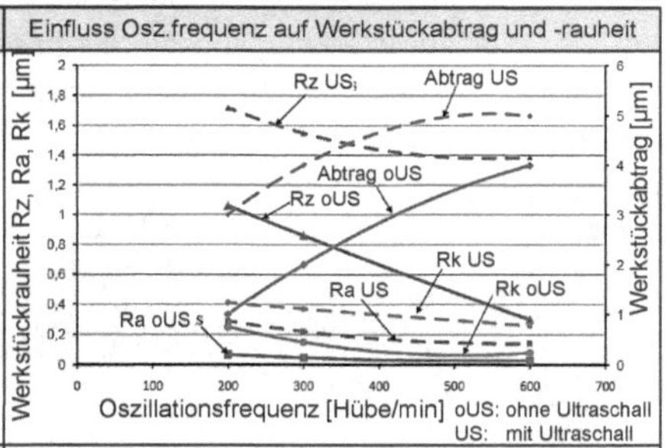

- Werkstück: Lagerring, Stahl 100Cr6
- Werkzeug: Band 1.000 (Korund)
- Anpressdruck: 4 bar
- Werkstückdrehzahl: 450 1/min
- Oszillationsfrequenz: variabel
- Oszillationshub: 4 mm
- Zyklusdauer: 20 s
- Ultraschallfrequenz: 0 kHz oder ca. 20 kHz
- Ultraschallamplitude: 0 % oder 60 % (14 µm)

Quelle: KSF Furtwangen

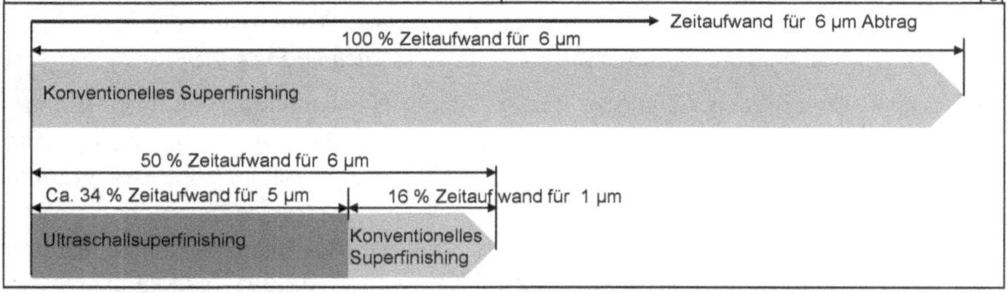

Bild 7-9: Bearbeitungsergebnisse des Ultraschallsuperfinishing [KSF]

Machining results of ultrasonic superfinishing [KSF]

Die Rauheitskennwerte Ra (Mittenrauwert), Rz (Rautiefe) und Rk (Kernrautiefe) sinken mit Erhöhung von Zyklusdauer, Anpressdruck und Oszillationsfrequenz, vergrößern sich aber mit Anstieg des Oszillationshubs. Durch den Einsatz einer Ultraschallunterstützung vergrößert sich der Mittenrauwert Ra gegenüber der konventionellen Bearbeitung, bleibt aber in der Toleranz von < 0,2 µm abhängig von der Versuchsparametern. Die Rautiefe Rz vergrößert sich ebenfalls durch den Ultraschalleinsatz, bleibt jedoch unter 2 µm. Mit einem „Schlussfinishing" unter Ausschalten des Ultraschalls nach der abtragserhöhenden, ultraschallunterstützten Superfinishbearbeitung lässt sich eine Erhöhung der Oberflächenrauheit vermeiden. Wie die Struktur der Oberfläche des bearbeiteten Werkstücks durch die Ultraschallunterstützung beeinflusst wird, zeigt Bild 7-10. Auch hier wurde ein Lageraußenring aus Stahl 100Cr6 mit einem Superfinishband mit und ohne Ultraschall bearbeitet. Die weiteren Bearbeitungsparameter sind bei beiden Versuchen gleich. Nach der konventionellen Bearbeitung sind die Bearbeitungsriefen in eine definierte Richtung erkennbar. Bei der ultraschallunterstützten Bearbeitung sind diese Bearbeitungsspuren ebenfalls zu erkennen. Die Riefenstruktur wird jedoch durch eine zusätzliche Grübchenstruktur überlagert. Diese kommt durch das Eindrücken der Superfinishkörner radial zur Werkstückachse, also senkrecht zur Werkstückoberfläche aufgrund des schwingenden Werkzeugs zustande. Diese neuartige Oberflächenstruktur kann z.B. für verbesserte Notlaufeigenschaften genutzt werden [SCHI01].

Oberflächenstruktur Werkstück ohne Ultraschall		Oberflächenstruktur Werkstück mit Ultraschall	

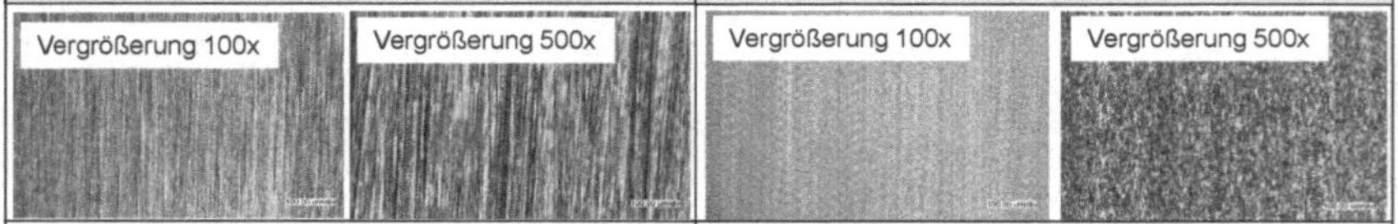

▪ Werkstück:	Lagerring, Stahl 100Cr6	▪ Werkstück:	Lagerring, Stahl 100Cr6
▪ Werkzeug:	Band 1.000 (Korund)	▪ Werkzeug:	Band 1.000 (Korund)
▪ Anpressdruck:	3 bar	▪ Anpressdruck:	3 bar
▪ Werkstückdrehzahl:	380 1/min	▪ Werkstückdrehzahl:	380 1/min
▪ Oszillationsfrequenz:	500 Hübe/min	▪ Oszillationsfrequenz:	500 Hübe/min
▪ Oszillationshub:	4 mm	▪ Oszillationshub:	4 mm
▪ Zyklusdauer:	16 s	▪ Zyklusdauer:	16 s
▪ Ultraschallfrequenz:	0 kHz	▪ Ultraschallfrequenz:	ca. 20 kHz
▪ Ultraschallamplitude:	0 %	▪ Ultraschallamplitude:	60 % (ca. 14 µm)

Quelle: KSF Furtwangen

Bild 7-10: Oberflächenstruktur des Werkstücks nach Ultraschallsuperfinishing [KSF]

Surface structure of work piece after ultrasonic superfinishing [KSF]

Die ersten Bearbeitungsversuche zeigen, dass die Unterstützung des (Band-) Superfinishprozesses mit einer Ultraschallschwingung des Werkzeugs den Abtrag signifikant erhöht. Zudem kann eine neuartige funktionelle Oberfläche erzeugt werden. Eine Reduktion des Werkzeugverschleißes infolge verbesserter Spülwirkung, Reibungsverminderung oder Kraftreduktion wurde nicht untersucht, er kann aber mit der Abtragserhöhung positiv beeinflusst werden, da das Werkzeug wesentlich kürzer im Eingriff sein muss (ca. 50 % kürzer, Bild 7-9). Weitere prozesstechnologische Untersuchungen des Werkzeugverschleißes, auch mit Steinwerkzeugen, sollten folgen.

7.2 Prototyp für das Ultraschalldrehen mit Biegeschwingern

Prototype for ultrasonic assisted turning with transversal flexural oscillators

7.2.1 Aufbau und Funktionsweise

Assembly and functionality

In diesem Kapitel der Arbeit wird ein prototypisches Hybridsystem zum ultraschallunterstützten Drehen von optischen Oberflächen mit monokristallinen Diamantwerkzeugen vorgestellt. Im Unterschied zu herkömmlichen Systemen verfügt es über einen integrierten Biegeschwinger, mit dem die Bearbeitung komplexerer Werkzeugformen möglich ist. Bild 7-11 zeigt die Anforderungen, die aus dem Prozess und den Anforderungen an das Werkstück an das Werkzeug und das dahintergeschaltete Schwingsystem gestellt werden.

	Wirkreihenfolge der Einflussgrößen	Anforderungen
Referenz-Prozess	▪ Prozessart und -last ▪ Werkzeugtyp ▪ Werkstückanforderungen	▪ Ultrapräzisionsdrehen, Fast-Tool-Drehen ▪ Erzeugung optischer Oberflächen auf Stahl- und Glaswerkstücken mit tief konkaven und Freiformflächen; Oberflächenwerte Ra 5 - 30 nm ▪ Monokristalline Diamantwerkzeuge, auf auskragendem Schwinger montiert
Schwing-eigenschaften	Werkzeugschwingung ▪ Schwingrichtung ▪ Schwing-/ Eigenfrequenz ▪ Schwingamplitude ▪ Eigenmode	▪ Schwingrichtung: In Schnittrichtung ▪ Schwingungsfrequenz: 60 kHz (Ultraschall) ▪ Schwingungsamplitude: 0 - 5 µm ▪ Überlagerte Biege-Eigenschwingung
Elektronik, Aufbau, Geometrie, Material	Systemaufbau ▪ Bauraum ▪ Schwingerform ▪ Komponentenanzahl/material ▪ Knotenanzahl, -lage ▪ Lagerung ▪ Anbindung an Maschine ▪ Schallwandler ▪ Energieversorgung	▪ Bauraum gering ▪ Wenige Komponenten Materialien ▪ Schwinger/ Werkzeughalter auskragend ▪ Lagerung an Schwingungsknoten ▪ Steifer Aufbau ▪ Adaption an Maschine als Anbaugerät ▪ Schallwandler als Kaufteil ▪ Schwinger vom Schallwandler radial anregbar ▪ Schallwandler-Arbeitsfrequenzbereich ca. 60 kHz ▪ Schallwandler-Amplitude: 0 - 5 µm ▪ Energieversorgung autark, einfach zu bedienen

Bild 7-11: Anforderungen an den Prototyp für das Ultraschalldrehen mit Biegeschwingern

Requirements for prototype for ultrasonic turning with flexural oscillators

Der Prozess ist das ultrapräzise Drehen von optischen Oberflächen auf komplex geformten Stahlwerkstücken. Die Oberflächen sollen optische Qualität besitzen, das bedeutet, der Oberflächenkennwert Ra soll nach der Bearbeitung mit monokristallinen Diamantwerkzeugen im Bereich von 5 nm bis 30 nm liegen. „Komplexe Formen" heißt in diesem Fall, dass die zu bearbeitende Oberfläche tief konkav oder freigeformt ist. Solche Formen sind nicht mit herkömmlichen Längsschwingersystemen optisch zu bearbeiten, da mit diesen tief konkave Flächen nicht zugänglich sind. Daher soll ein spezieller Biegeschwinger verwendet werden, der mit der im Kapitel 4 beschriebenen Auslegungsmethode entwickelt wurde. Der Schwinger muss für die Bearbeitung von konkaven Flächen und Freiformflächen auskragend sein, die Schwingrichtung dennoch in Schnittrichtung bei einer Amplitude von 0,5 µm bis 5 µm und einer Frequenz von ca. 60 kHz liegen. Bisher hat sich gezeigt, dass beim Ultraschalldrehen mit einfachen Längsschwingersystemen die Arbeitsfrequenz 60 kHz eine bessere optische Oberflächenqualität der Bauteile gewährleistet als eine niedrigere Frequenz [KLOC08]. Der Schwinger soll darüber hinaus mit einem einfachen 60 kHz-Schallwandler radial angeregt werden. Das Gesamtsystem soll ein Anbaugerät mit kleinem Bauraum sein, das an eine definierte Maschine adaptierbar ist. Im Bild 7-12 ist der Aufbau des entwickelten Schwingsystems dargestellt.

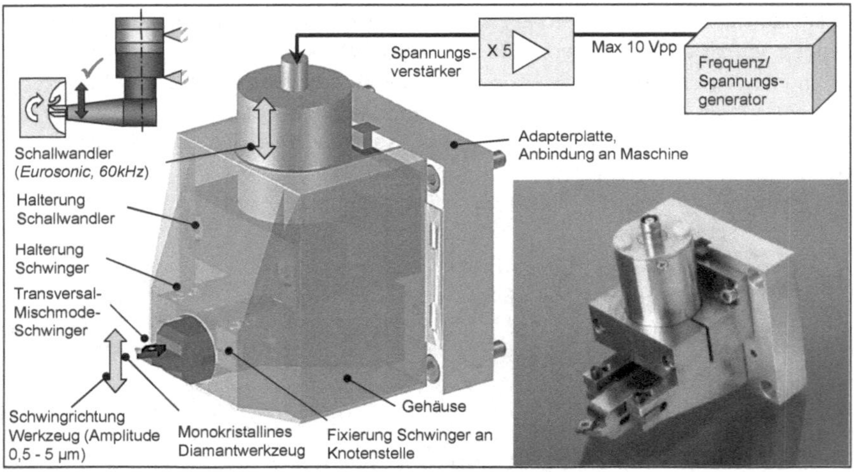

Bild 7-12: Gesamtansicht des Prototyps für das Ultraschalldrehen mit Biegeschwinger

Total view of prototype for ultrasonic turning with flexural oscillator

Das Ultraschallsystem ist als Aufsatzmodul konstruiert, so dass es sowohl an eine Ultrapräzisionsdrehmaschine (Precitech Nanoform 250 Ultra) als auch an ein Slow-Tool-System (auf: LT Ultra MTC 410) adaptierbar ist. Somit kann das System für einen ultrapräzisen Drehprozess für optische Oberflächen auf komplexen, freigeformten Werkstückformen auf Stahl genutzt werden. Das monokristalline Diamantwerkzeug (MKD) zum ultrapräzisen Drehen ist auf dem auskragenden Schwinger montiert. Der Schwinger ist so berechnet, dass er eine überlagerte Mischresonanzschwingung (Transversal-Mischmode) bei einer Schwingfrequenz von ca. 60 kHz aufweist und das Werkzeug zu Schwingungen in Schnittrichtung mit Amplituden zwischen 0,5 µm und 5 µm anregt. Details der Berechnung bzw. der messtechnischen Untersuchung am Prüfstand des Schwingers wurden bereits im Kapitel 5 eingehend dargelegt. Der Schwinger wird radial von einem Ultraschallwandler des Typs KPB60.1002 der Fa. Eurosonic Neumann GmbH zur definierten Resonanzschwingung angeregt. Der Ultraschallwandler ist über ein BNC-Kabel mit einem Frequenzgenerator HP-Agilent 33120A verbunden. Optional kann ein zusätzlicher

Spannungsverstärker zwischen Schallwandler und Frequenzgenerator geschaltet werden, um höhere Schwingungsamplituden zu erzeugen. Über den Generator wird der Schallwandler mit einer hochfrequenten Wechselspannung von bis zu 10 Vpp bei ca. 60 kHz betrieben. Damit ist eine maximale radiale Schwingungsamplitude in Schnittrichtung von 2 µm an der Diamantspitze erreichbar. Mit zusätzlichem Spannungsverstärker kann diese auf 5 µm erhöht werden. Der Schallwandler wird mit der Adapterplatte an der entsprechenden Maschine angebracht. Der Schwinger ist an einem definierten Schwingungsknotenpunkt seitlich durch Gewindebolzen und quaderförmige Elemente im Schwingerhalter gelagert, welcher ebenfalls auf der Adapterplatte befestigt ist.

7.2.2 Einbindung in das Maschinensystem und Funktionsprüfung

Integration in machinery and function test

Der Prototyp für das Ultraschalldrehen mit Biegeschwinger wurde so konstruiert, dass er als Aufsatzmodul an zwei verschiedene Maschinensysteme adaptiert werden kann. Das Maschinensystem 1 ist eine Ultrapräzisionsdrehmaschine Nanoform 250 Ultra der Fa. Precitech. Diese kann von 2 bis zu 5 Achsen konfiguriert werden und ist für die ultrapräzise Bearbeitung von optischen Komponenten ausgelegt. Die Spindel ist luft- und die Bewegungsachsen hydrostatisch gelagert. Die maximale Spindeldrehzahl liegt bei 7.000 U/min und der Maximalvorschub bei 4.000 mm/min.

Das Maschinensystem 2 ist ein am Fraunhofer IPT entwickeltes Slow-Tool-System, das auf einer MTC 410 der Fa. LT Ultra installiert ist. Die Spindel der MTC 410 ist ebenfalls luft- und die Führungslaufbahnen hydrostatisch gelagert. Die Slow-Tool-Achse zu Herstellung der Freiformflächen hat einen Hub von 25 mm, eine Frequenzbandbreite von 60 Hz und ist lagegeregelt.

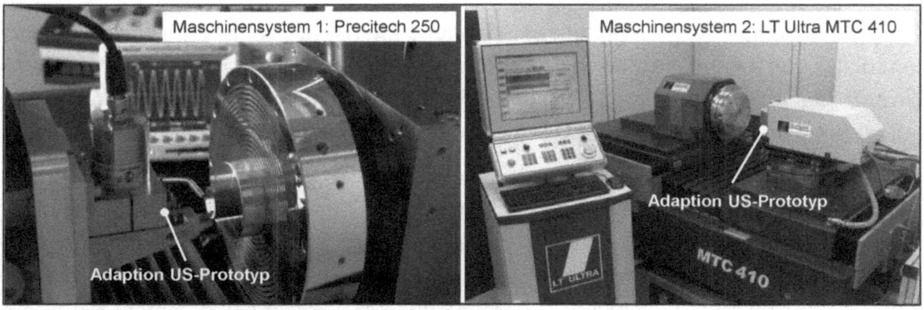

Bild 7-13: Einbindung des Ultraschallprototyps in die Maschinensysteme 1 und 2

Integration into machine systems 1 and 2

Der Prototyp kann mittels der Adapterplatte an den Werkzeughalter des jeweiligen Maschinensystems montiert werden. Der Prototyp ist autark, das bedeutet, die Schwingfrequenz und -amplitude wird extern über den Frequenzgenerator eingestellt. Die gewünschte Schwingamplitude wird über die Höhe des Spannungssignals des Frequenzgenerators eingestellt. Im Bild 7-13, links, ist der Prototyp eingebunden in das Maschinensystem 1 ohne Gehäuse zu sehen. Bild 7-13, rechts, zeigt die Adaption an das Maschinensystem 2.

Zur Prüfung der Hauptfunktionen des Prototyps für das Ultraschalldrehen von komplexen Werkstücken zählt die Messung der Schwingungsamplituden bei einer definierten Frequenz an der Spitze des monokristallinen Diamantwerkzeugs im Leerlauf und im Eingriff. Der Schallwandler wurde mit dem Frequenzgenerator und dem Spannungsverstärker verbunden und mit einer verstärkten Spannung von 0 Vpp bis 22 Vpp gespeist. Die Schwingungsamplituden an der Werkzeugspitze wurden laservibrometrisch in allen drei Raumrichtungen aufgenommen: In der radialen Hauptschwingrichtung $y_{rad(HS)}$, der radialen und axialen Nebenschwingrichtung $z_{rad(NS)}$ und $x_{ax(NS)}$. Bild 7-14 zeigt links den Prüfaufbau und rechts die Ergebnisse der Messung der Amplituden in Abhängigkeit von der Schallwandlerspannung.

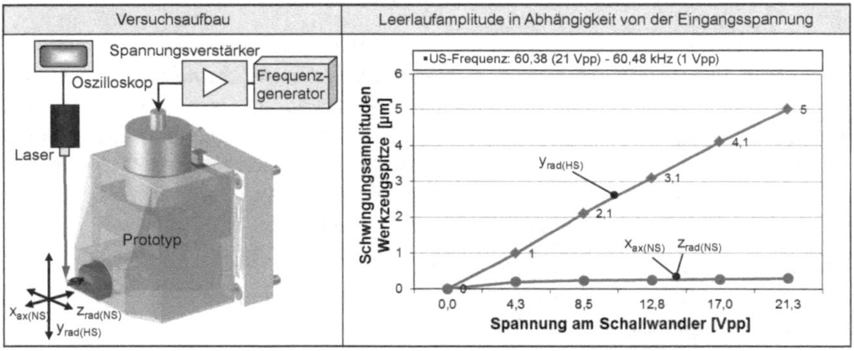

Bild 7-14: Messung der Schwingungsamplitude im Leerlauf

Measurement of idling oscillation amplitude

Die Amplitude in $y_{rad(HS)}$ steigt mit der Spannung annähernd linear an. Die Amplituden in radialer und axialer Nebenschwingrichtung $z_{rad(NS)}$ und $x_{ax(NS)}$ bleiben auf niedrigem Niveau. Bei einer Eingangsspannung 21,3 Vpp am Schallwandler ist das Verhältnis von $y_{rad(HS)}$ zu $z_{rad(NS)}$ bzw. $x_{ax(NS)}$: 5/0,3 = 16,67.

Um zu prüfen, wie sich die Schwingungsamplitude des Werkzeugs im Eingriff relativ zur Leerlaufamplitude des Werkzeugs ändert, wurde laservibrometrisch die Amplitude in radialer Hauptschwingrichtung $y_{rad(HS)}$ bei ca. 7,5 Vpp Eingangsspannung am Schallwandler bei der Bearbeitung von zwei unterschiedlichen Materialien gemessen: Zylindrisch-planare Werkstücke einerseits aus Messing und andererseits aus gehärtetem Stahl mit 53 HRC wurden unter Variation der Prozessparameter Zustellung und Vorschub bearbeitet. Bild 7-15, rechts, stellt die Ergebnisse der Messung der Schwingungsamplitude des Prototyps im Eingriff dar. Klar zu erkennen ist, dass bei der Bearbeitung von weichem Material wie Messing, der Eingriff keinen Einfluss auf die Schwingungsamplitude am Werkzeug hat, die Schwingung also nicht gedämpft wird. Bei gehärtetem Stahl wird die Amplitude in Abhängigkeit von den Prozessparametern maximal um 3,5 % gedämpft.

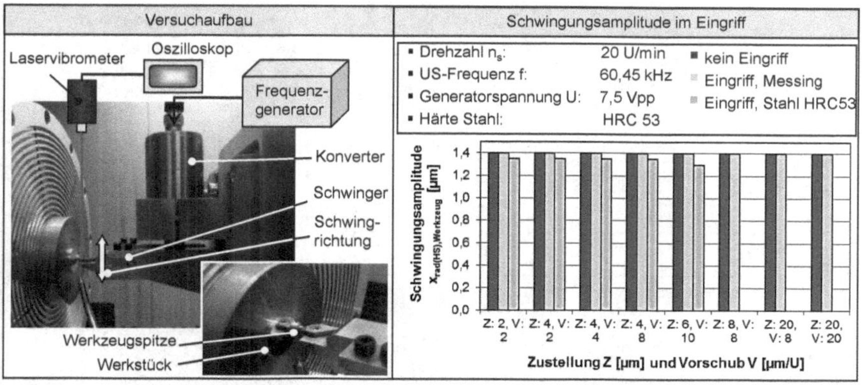

Bild 7-15: Messung der Schwingungsamplitude des Prototyps im Eingriff
Measurement of oscillation amplitude of prototype in contact

7.2.3 Bearbeitungsversuche
Machining tests

Im Folgenden werden prozesstechnologische Grundlagenuntersuchungen mit dem Prototyp an Werkstückproben aus Stahl- und Glasmaterialien beschrieben.

Bearbeitung von Stahl

Bei den Versuchen zur Bearbeitung von Stahl wurde zunächst eine grundlegende Versuchsreihe durchgeführt, mittels derer die Einflüsse der verschiedenen Prozessparameter auf die Oberflächenqualität des bearbeiteten Werkstücks bestimmt werden können. Dazu wurde ein Versuchsplan nach der Plackett-Burman-Methode erstellt [PLAC46]. Dabei werden für jeden Prozessparameter zwei Extremwerte angenommen und die Versuche in einer bestimmten Kombination so ausgeführt, dass bei geringem Versuchsaufwand die Tendenzen und Einflüsse eines jeden Parameters ermittelt werden können. Dazu wurde der Prototyp zum Ultraschalldrehen auf das Maschinensystem 1 adaptiert.

Im Bild 7-16, links, sind die Versuchsparameter bzw. Eingangsgrößen bezogen auf die Werkstückprobe, die Maschine und das Ultraschallsystem dargestellt. Im Bild 7-16, rechts, sind die Messgrößen, die das Bearbeitungsergebnis charakterisieren, bezogen auf das Werkstück (Probe) und das Werkzeug, dargestellt. Um die Werte für die Drehzahl festzulegen, muss zunächst die Schnittgeschwindigkeit in Abhängigkeit von der Ultraschallfrequenz und -amplitude, also der Schwinggeschwindigkeit des Werkzeugs, berechnet werden (Bild 7-17).

	Versuchsparameter, Eingangsgrößen								
	Probe			Maschine			Ultraschallsystem		
	Material	Durchmesser [mm]	Härte [HRC]	Zustellung [µm]	Drehzahl n [U/min]	Vorschub f [µm/U]	Schwingungsamplitude $x_{rad(HS)}$ [µm]	Ultraschall-Frequenz f_{US} [kHz]	Generator-Spannung U_G [Vpp]
1	X42Cr13	15	20	20	50	2	1	60,39	6
2	16MnCr5	15	20	4	100	20	2	60,38	10
3	16MnCr5	15	53	4	50	2	2	60,38	10
4	16MnCr5	15	53	20	50	20	1	60,39	6
5	X42Cr13	15	53	4	100	2	1	60,39	6
6	16MnCr5	15	20	20	100	20	1	60,39	6
7	X42Cr13	15	20	4	50	20	2	60,38	10
8	X42Cr13	15	53	4	100	20	1	60,39	6
9	X42Cr13	15	53	20	50	20	2	60,38	10
10	X42Cr13	15	20	20	100	2	2	60,38	10
11	16MnCr5	15	53	20	100	2	2	60,38	10
12	16MnCr5	15	20	4	50	2	1	60,39	6

Messgrößen

Probe, Werkzeug

- Mittenrauwert Ra [µm] Werkstück
- Werkzeugverschleiß

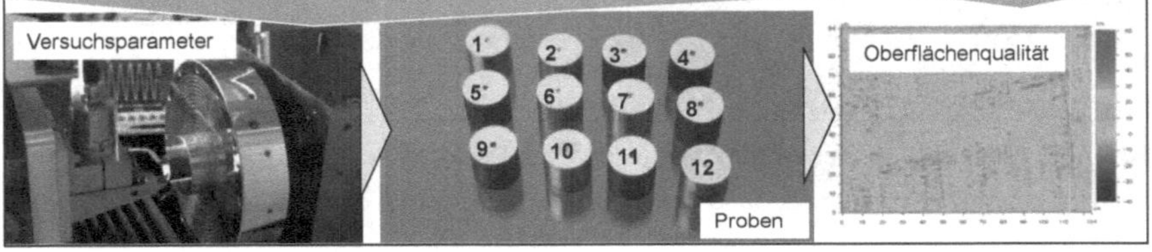

Bild 7-16: Versuchsparameter und Messgrößen für die Prozessversuche

Test parameters and measuring parameters for process tests

Die Umfangsgeschwindigkeit v_U, welche der Schnittgeschwindigkeit bei stehendem Werkzeug entspricht, ergibt sich zu:

$$v_U = 2 \cdot \pi \cdot r \cdot n \quad [mm/s] \qquad \text{(Gl. 7-1)}$$

mit r = Werkstückradius [mm] und n = Spindeldrehzahl [U/min]. Die Schwinggeschwindigkeit v_{WZ} der Werkzeugspitze berechnet sich nach:

$$v_{WZ} = \frac{Schwingweg}{Zeit} = \frac{2 \cdot x}{T} \quad [\mu m/\mu s] \qquad \text{(Gl. 7-2)}$$

mit dem Schwingweg 2*x bei einer Schwingungsperiode und der Periodendauer T. Für eine vollständige Kontaktunterbrechung zwischen Werkzeugspitze und Werkstück muss gelten: $v_{WZ} > v_U$

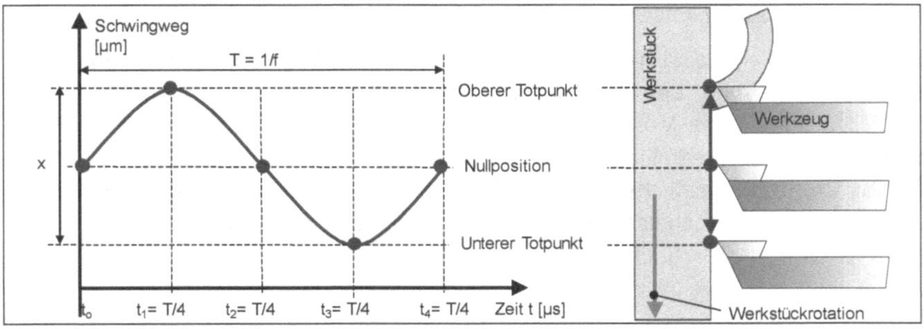

Bild 7-17: Schwingzeit und -weg der Werkzeugspitze

Oscillation time and distance of tool tip

Bei einer Ultraschallamplitude von 1 µm bei einer Schwingfrequenz von 60 kHz ergibt sich für die Schwinggeschwindigkeit der Werkzeugspitze 120 mm/s. Die Umfangsgeschwindigkeit muss also am äußeren Probenrand kleiner als 120 mm/s sein, die Drehzahl kleiner als 150 U/min. Hier wurden eine Drehzahl von 50 U/min und entsprechend für die Ultraschallamplitude 2 µm, eine Drehzahl von 100 U/min verwendet. Dieses Vorgehen zur Berechnung der Schwinggeschwindigkeit und der Umfangsgeschwindigkeit wurde auch zur Festlegung der Prozessparameter für die Bearbeitung von Glas (nachfolgendes Kapitel) angewandt. Im Bild 7-18 sind die Versuchsergebnisse tabellarisch aufgelistet. Die Oberflächenrauheit Ra im Probeninneren, -mitte und -rand wurde mit einem Weißlichtinterferometer (Veeco) gemessen. Der Werkzeugverschleiß wurde visuell qualitativ mit den drei Kategorien „gering", „mittel" und „hoch" beurteilt. Weiterhin sind die Probe 11 mit der geringsten und die Probe 5 mit der höchsten durchschnittlichen Oberflächenrauheit Ra dargestellt. Mit unter 8 nm ist die durchschnittliche Oberflächenqualität der gehärteten Stahlprobe 11 im optischen Bereich. Rechts unten im Bild sind die drei Proben (3, 7 und 11) mit der geringsten Oberflächenrauheit dargestellt.

Versuchsparameter, Eingangsgrößen										Messgrößen	
Probe				Maschine			Ultraschallsystem			Probe, Werkzeug	
	Material	Durchmesser [mm]	Härte [HRC]	Zustellung [µm]	Drehzahl n [U/min]	Vorschub f [µm/U]	Schwingungsamplitude $x_{rad(HS)}$ [µm]	Ultraschall-Frequenz f_{US} [kHz]	Generator-Spannung U_G [Vpp]	Durchschnitts-Oberflächenrauheit Ra [nm]	Werkzeugverschleiß
1	X42Cr13	15	20	20	50	2	1	60,39	6	45,92	Hoch
2	16MnCr5	15	20	4	100	20	2	60,38	10	108,05	Mittel
3	16MnCr5	15	53	4	50	2	2	60,38	10	12,47	Gering
4	16MnCr5	15	53	20	50	20	1	60,39	6	354,67	Hoch
5	X42Cr13	15	53	4	100	2	1	60,39	6	251,46	Hoch
6	16MnCr5	15	20	20	100	20	1	60,39	6	111,41	Hoch
7	X42Cr13	15	20	4	50	20	2	60,38	10	43,50	Gering
8	X42Cr13	15	53	4	100	20	1	60,39	6	310,69	Hoch
9	X42Cr13	15	53	20	50	20	2	60,38	10	229,59	Hoch
10	X42Cr13	15	20	20	100	2	2	60,38	10	120,32	Hoch
11	16MnCr5	15	53	20	100	2	2	60,38	10	7,42	Mittel
12	16MnCr5	15	20	4	50	2	1	60,39	6	37,30	Hoch

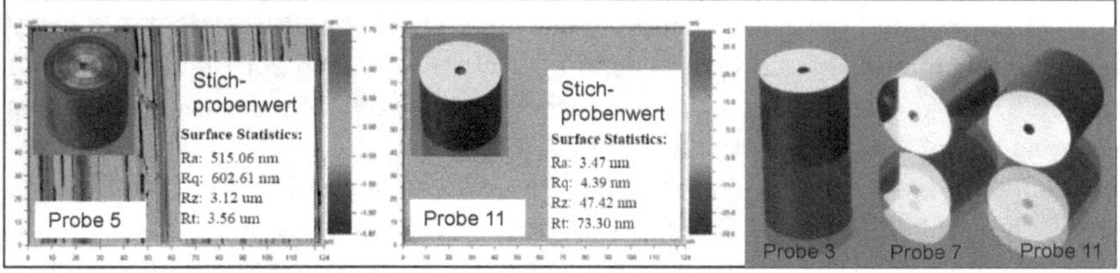

Bild 7-18: Messergebnisse der Versuche mit Prototyp für das Ultraschalldrehen auf Stahl

Measuring results of tests with prototype for ultrasonic turning on steel

Bild 7-19 zeigt die Pareto-Diagramme für den Werkzeugverschleiß und die Oberflächenqualität. Die Balkenlänge gibt an, wie hoch der Einfluss des jeweiligen Parameters auf den Werkzeugverschleiß bzw. die Oberflächenqualität ist. Die Versuche zeigen, dass die Ultraschallamplitude und die Zustellung den höchsten Einfluss auf den Werkzeugverschleiß und der Vorschub und die Härte den höchsten Einfluss auf die Oberflächenqualität bei der Bearbeitung von Stahl haben. Im Bild 7-19, unten, ist dargestellt, wie die Parameter tendenziell das Bearbeitungsergebnis an beiden Materialien beeinflussen. Zu erkennen ist, dass der Werkzeugverschleiß (Mittelwert beider Materialien) verringert wird, wenn die Ultraschallamplitude erhöht und die Zustellung und die Drehzahl verringert werden. Für eine geringe Oberflächenrauheit (Mittelwert beider Materialien) der Probe sollten Vorschub, Härte und Drehzahl verringert und die Ultraschallamplitude erhöht werden.

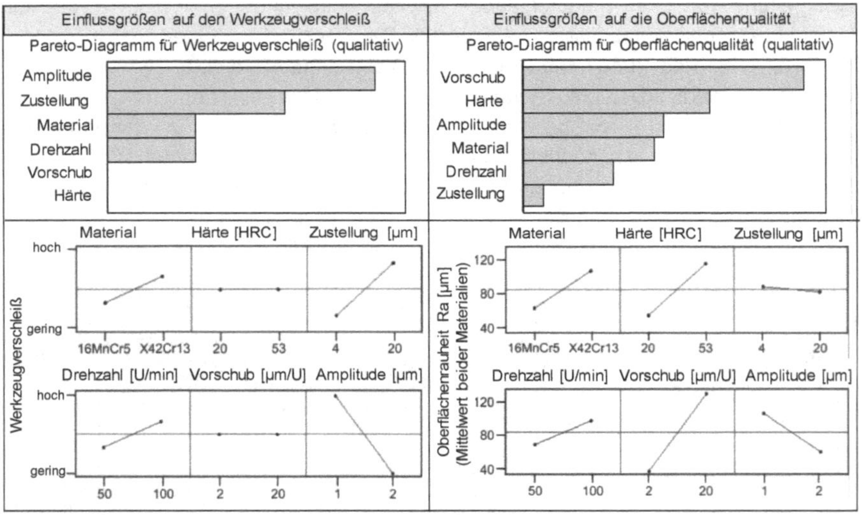

Bild 7-19: Pareto-Diagramme, Ultraschalldrehbearbeitung von Stahl

Pareto-diagrams, ultrasonic turning of steel

Neben grundlegenden systematischen Prozessuntersuchungen an einfachen zylindrisch-planaren Proben wurden mit dem Prototyp auch Freiformflächen und tief konkave Formen auf gehärtetem und ungehärtetem Stahl bearbeitet. Bild 7-20 zeigt beispielhaft einerseits eine Freiformfläche als Abformwerkzeug zur Herstellung einer Logolinse auf ungehärtetem Stahl und andererseits zwei Abformwerkzeuge aus gehärtetem Stahl mit den Durchmessern von 50 mm und 40 mm und einer Konkavitätstiefe von je 11 mm. Weiterhin sind die Prozessparameter und die erreichte Oberflächenrauheit Ra verzeichnet, die im optischen Bereich liegen. Mit herkömmlichen, longitudinalen Ultraschallsystemen für das Ultraschalldrehen wäre die Bearbeitung dieser Formen nicht durchführbar. Mit dem hier beschriebenen neuartigen Prototyp wird das erstmals möglich, da er über einen auskragenden Schwinger verfügt.

Tief konkave Fläche (Stahl)		Freiformfläche (Stahl)		Tief konkave Fläche (Stahl)	
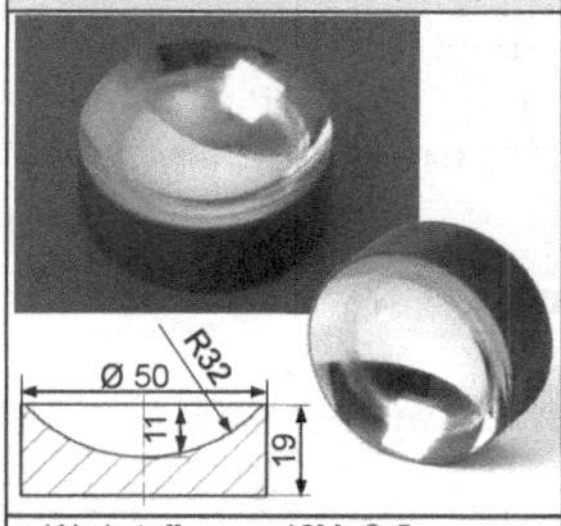				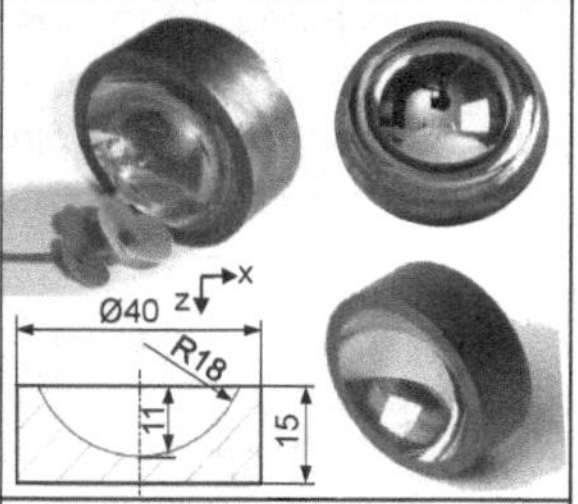	
▪ Werkstoff:	16MnCr5	▪ Werkstoff:	X42Cr13	▪ Werkstoff:	16MnCr5
▪ Stahl Härte:	HRC 53	▪ Stahl Härte:	HRC 20	▪ Stahl Härte:	HRC 53
▪ Zustellung:	6 µm	▪ Zustellung:	variabel	▪ Zustellung:	5 (Z), 2 (X) µm
▪ Drehzahl:	50 U/min	▪ Drehzahl:	20 U/min	▪ Drehzahl:	30 U/min
▪ Vorschub:	2 µm/U	▪ Vorschub:	variabel	▪ Vorschub:	3 µm/U
▪ US-Amplitude:	2 µm	▪ US-Amplitude:	2 µm	▪ US-Amplitude:	2 µm
▪ US-Frequenz:	60,4 kHz	▪ US-Frequenz:	60,4 kHz	▪ US-Frequenz:	60,4 kHz
▪ Werkzeug:	MKD, Freiwink. 15°	▪ Werkzeug:	MKD, Freiwink. 15°	▪ Werkzeug:	MKD, Freiwink. 7,5°
▪ **Ra:**	**18,2 nm**	▪ **Ra:**	**13,3 nm**	▪ **Ra:**	**4,25 nm**

Bild 7-20: Bearbeitung einer Freiformfläche und einer tief konkaven Fläche

Machining of freeform surface and deep concave surface

Bearbeitung von Glas

Die Effekte einer ultraschallunterstützte Bearbeitung von Glaswerkstoffen und damit erzeugte optische Oberflächenqualitäten wurden bereits teilweise in [RÜBE01, KLOC00] untersucht, allerdings mit einem 40 kHz-Längsschwingersystem und für plane Oberflächen mit maximalem Durchmesser von 20 mm. Das Werkstück in den im Folgenden beschriebenen Versuchen ist ein geschliffenes NBK7-Glas (Borosilikat-Kronglas) mit einem Durchmesser von 40 mm und einer konvexen Oberfläche mit einem Radius von 59,5 mm. Die bearbeitete Glasoberfläche wurde mit einem Weißlichtinterferometer (Veeco) vermessen. Bild 7-21 zeigt den Unterschied in der Oberflächenqualität und dem Werkzeugverschleiß bei einer Bearbeitung ohne und mit Ultraschallunterstützung, sowie die an der Maschine und am Ultraschallsystem eingestellten Prozessparameter. Die Ergebnisse im oberen Bildteil wurden bei einer Drehzahl von 50 U/min nach einem Durchlauf generiert, diejenigen im unteren Bildteil bei 25 U/min nach zwei Durchläufen. Deutlich ist zu erkennen, dass mit Ultraschall eine bessere Oberflächenqualität (z.B. Ra 10,13 nm) zu erreichen ist als ohne (z.B. Ra 47,58 nm). Ohne Ultraschall bilden sich eine stärkere Riefenstruktur und Ausbrüche aus [RÜBE01, KLOC00]. Es ist zu beobachten, dass sich ohne Ultraschall eine glatte und mit Ultraschall eine leicht gezackte Verschleißkante am Werkzeug ausbildet. Im Bild 7-22 ist eine mit Ultraschall bearbeitete konvexe Glasoberfläche mit optischer Oberflächenqualität von Ra 2-3 nm und das monokristalline Diamantwerkzeug nach einem Durchlauf dargestellt. Es lässt sich nur ein geringer Werkzeugverschleiß feststellen. Die Versuche zeigen, dass eine optische Oberfläche auf einem komplex geformten Glasmaterial durch Ultraschalldrehen erzeugbar ist und das Diamantwerkzeug einem vertretbaren Verschleiß unterliegt. Er wäre bei der Bearbeitung ohne Ultraschall wesentlich höher, da mehrere Durchläufe mit Werkzeugwechsel für ein ähnliches Oberflächenergebnis notwendig sind. Durch die auskragende Form des Schwingers ist eine direkte spanende Herstellung von optischen Freiformflächen oder Linsen auf Glasmaterialien für optische Anwendungen möglich. Für die Herstellung und Bearbeitung von komplexen Glasoptiken wäre dies eine Innovation und Effizienzsteigerung.

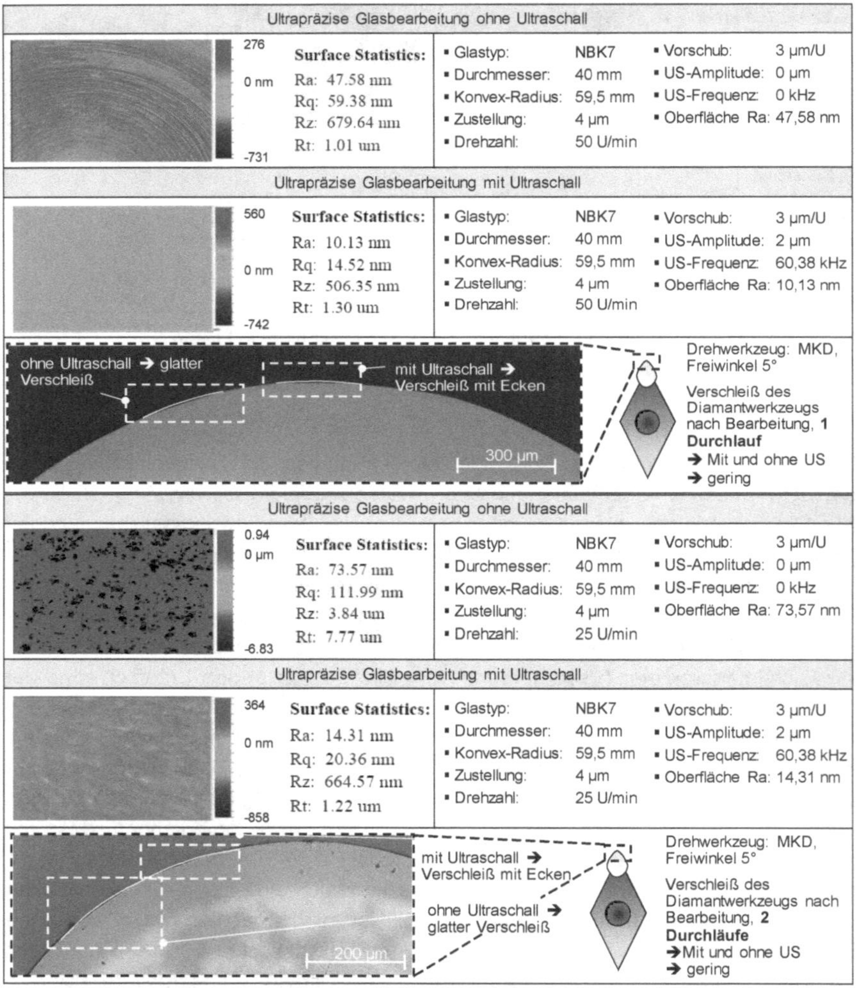

Bild 7-21: Glasbearbeitung ohne und mit Ultraschallunterstützung

Machining of glass without and with ultrasonic assistance

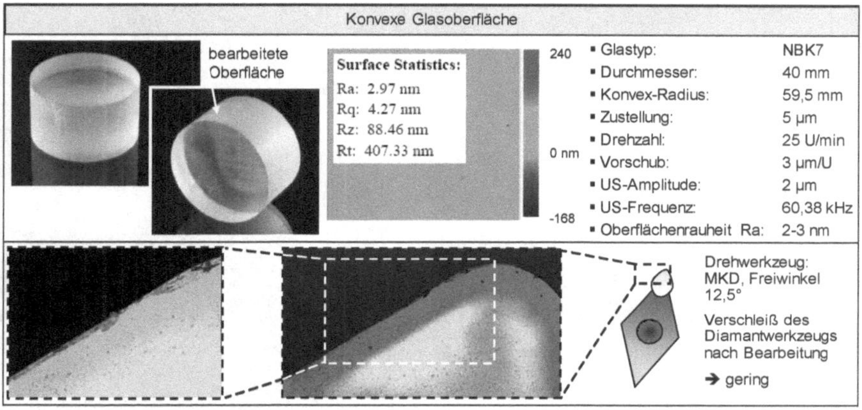

Bild 7-22: Glasbearbeitung (konvex) ohne und mit Ultraschallunterstützung

Machining of convex glass without and with ultrasonic assistance

8 Zusammenfassung und Ausblick

Summary and outlook

Obwohl die aktive Ultraschalltechnologie als effiziente Einbringung von Schwingungsenergie zur Prozessunterstützung in vielen Bereichen wie in der Medizintechnik, in der Fügetechnik oder in spanenden Fertigungsverfahren zunehmend Verbreitung findet, ist die Funktionsvielfalt und die industrielle Anwendung der Ultraschallsysteme noch eingeschränkt. Der Grund hierfür liegt in bisher unzureichenden Methoden zur Auslegung von bei o.g. Anwendungen eingesetzten Längsschwingersystemen, die zu einer zeit- und ressourcenaufwändigen Entwicklung der Ultraschallschwinger bzw. -systeme führen. Der große Zeitaufwand in der schwingungstechnischen Auslegung eines Ultraschallschwingers resultiert hauptsächlich durch zahlreiche Iterationsschritte in der Berechnung, die vom Entwickler durchgeführt werden müssen, um ein optimales Ergebnis zu erhalten. Je ungenauer die Auslegungsmethode, desto höher ist die Anzahl der Iterationsschritte. Weiterhin sind bisherige Auslegungsmethoden zur Auslegung von Schwingsystemen nur für rotationssymmetrische Einzelkomponenten der Systeme mit Längsschwingern hinreichend genau. Es fehlen ausreichende Kenntnisse und Strategien für die schwingungstechnische Auslegung von komplexen, nicht-rotationssymmetrischen Komponenten bzw. mehrteilige Systembauteile eines Ultraschallsystems. Auch bietet die Auslegung aktiver Ultraschallsysteme, die keine Längsschwinger sondern sogenannte Biegeschwinger nutzen, hohes Anwendungspotential, ist jedoch bisher nicht erforscht.

Daher wurde im Rahmen der vorliegenden Arbeit eine effiziente Methode zur konstruktiven, simulativen und messtechnischen Auslegung von komplexen Schwingerwerkzeugen zur spanenden, ultraschallunterstützten Bearbeitung entwickelt. Dazu wurden wichtige Einflussgrößen auf ein Schwingsystem und die Grundzusammenhänge herausgestellt sowie ein zeitsparendes, neuartiges Programm zur automatisierten Berechnung und Optimierung von Schwingergeometrien generiert. Die Methode wurde am Beispiel von Schwingern und prototypischen Systemen für die Referenzprozesse Ultraschallsuperfinishing mit Längsschwingern und Ultraschalldrehen mit Biegeschwingern validiert.

Zunächst wurden im Stand der Technik die Grundlagen der Ultraschalltechnik, das Resonanzverhalten von Festkörpern und Schwingungsgrößen beschrieben. Anschließend wurden Aufbau, Funktionsweise und Anwendungen von aktiven Ultraschallsystemen mit Längsschwingern erläutert. Weiterhin wurden die derzeitigen Methoden zur Auslegung solcher Schwingsysteme dargestellt und deren Vor- und Nachteile und Grenzen bzw. Anknüpfungspunkte für diese Arbeit aufgezeigt. Darüber hinaus wurden der Prozess des konventionellen Superfinishing- bzw. Kurzhubhonens sowie die Potentiale einer Ultraschallunterstützung zur Erweiterung der Prozessgrenzen beschrieben. Anschließend wurde das Ultraschalldrehen und dessen Grenzen insbesondere in der Zugänglichkeit zu komplexen Werkstücken, die es mit Biegeschwingern statt Längsschwingern zu überschreiten gilt, erläutert. Die

Defizite im Stand der Technik bezüglich der Auslegungsmethoden für Ultraschallsysteme, des ultraschallunterstützten Superfinishing und des Ultraschalldrehens wurden zusammengefasst.

Davon ausgehend wurde im Kapitel 4 die durchgängige Methode zur konstruktiv-simulativen und messtechnischen Auslegung von komplexen Ultraschallschwingerwerkzeugen, unterteilt in Instrumente zur Modellbildung und -validierung, erläutert. Als Schwerpunkt in der Modellbildung wurde die Funktionsweise des Programms zur automatisierten Berechnung und Optimierung von Schwingergeometrien beschrieben. In diesem Programm wurde die mathematische Software Matlab mit der Finite-Elemente-Strukturberechnungssoftware Ansys verknüpft. Der Programmnutzer kann Startgeometrien der Schwinger vorgeben sowie schwingungstechnische Anforderungen, wie Eigenfrequenz und -mode etc., angeben, nach denen die Schwingergeometrien automatisch optimiert werden. Zur Geometrieoptimierung wurden unterschiedliche Algorithmen implementiert, z.B. schwerpunktmäßig ein genetischer Algorithmus. Mit dem Programm werden die zahlreichen iterativen Berechnungsschritte, die in bisherigen Auslegungsmethoden zeitaufwändig durch den Entwickler durchgeführt werden müssen, effizient automatisiert. So ist eine große Zeitersparnis in der Entwicklung von Ultraschallschwingern erreichbar. Zudem ermöglicht das Programm die dreidimensionale Berechnung einer Vielzahl an komplexen Schwingergeometrien nicht nur für übliche longitudinale (Längsschwinger) sondern auch für neuartige transversale (Biegeschwinger) Ultraschallschwingsysteme für die spanende Bearbeitung. Weiterhin wurden effiziente Messmethoden zur schwingungstechnischen Modellvalidierung nach Fertigung eines Schwingers erläutert. Dazu gehören die Bestimmung der Eigenfrequenzen und die laservibrometrische Messung der Eigenmoden und weiterer Eigenschaften.

Im Kapitel 5 wurde die Anwendung der entwickelten Methode für die Auslegung von Ultraschallwerkzeugen für den ersten gewählten Referenzprozess, das Ultraschallsuperfinishing, beschrieben. Zunächst wurden die Anforderungen an solche Werkzeuge zusammengestellt, anschließend Startgeometrien entwickelt und das Schwingverhalten mit dem Programm modelliert. Beispielhaft wurden ausgesuchte Modelle gefertigt und messtechnisch validiert sowie die Auslegungsmethode bewertet. Somit sind erstmals effizient berechenbare Ultraschallwerkzeuge zum Ultraschallsuperfinishing vorhanden. Im Kapitel 6 wurde die Methode auf die Entwicklung von Biegeschwingern allgemein und speziell für den zweiten Referenzprozess des Ultraschalldrehens angewendet. Es wurden zunächst Basismodelle von anwendungsunspezifischen Biegeschwingern entwickelt, deren Schwinghalten modelliert und gefertigte Schwingermodelle messtechnisch untersucht. Die Ergebnisse der messtechnischen Untersuchungen wurden mit der Modellbildung abgeglichen und die Methode bewertet. Es wurde gezeigt, dass mit der Methode eine schnelle und genaue Auslegung unterschiedlicher Arten von Biegeschwingern möglich ist. Anschließend wurde die Auslegung und Funktionsweise eines speziellen, zweiarmigen Biegeschwingers beschrieben, der durch überlagerte Biegeschwingungen ein optimales Ultraschalldrehen von komplexen Werkstücken ermöglicht.

Im Kapitel 7 wurden der Aufbau und die Funktionsweise prototypischer Hybridsysteme für die Ultraschallreferenzprozesse erläutert. Es wurde ein Prototyp zum Ultraschallsuperfinishing mit Längsschwingern aufgebaut und mit diesem erste Bearbeitungsversuche durchgeführt. Der größte Vorteil der Ultraschallunterstützung ist hierbei eine Erhöhung des Abtrags von bis zu 60 %, was zu einem zeitlich reduzierten Bearbeitungsaufwand führt. Weiterhin wurde ein Prototyp zum Ultraschalldrehen mit einem speziellen Biegeschwinger entwickelt. Dieser ist im Gegensatz zu bisherigen Systemen kostengünstig aufgebaut und einfach bedienbar. Durch die auskragende Form des Biegeschwingers wird die Herstellung von optischen Oberflächen auf komplexen Stahl- und Glasoberflächen mit einem Diamantwerkzeug ermöglicht.

Die Ausführungen in dieser Arbeit zeigen auf, dass durch die beschriebene Auslegungsmethode eine effiziente Entwicklung von Ultraschallschwingern unterschiedlicher Geometrien und Schwingverhalten zur Anwendung in aktiven Ultraschallsystemen möglich ist. Dies wurde am Beispiel von der Entwicklung zweier neuartiger Ultraschallsysteme für ausgewählte Referenzprozesse belegt. Die Erkenntnisse können in der industriellen Praxis Verwendung finden, um den Entwicklungsaufwand für innovative, aktive Ultraschallsysteme für diverse Anwendungen auf ein Minimum zu beschränken.

Am Beispiel der Schwinger zum Ultraschallsuperfinishing wurde aufgezeigt, dass die rechnerische Vorherbestimmung insbesondere der Schwingungsamplituden mit steigender Komponentenanzahl im Schwingersystem und damit höhere Schnittstellenzahl sehr komplex wird. Forschungsbedarf liegt daher in der Untersuchung des Schnittstellen- und Schwingermaterialeinflusses auf die erreichbaren Schwingungsamplituden und deren exakte Vorherbestimmung. Darüber hinaus kann die Auslegungsmethode auf viele Schwingervarianten und schwingungsgestützte Prozesse erweitert werden. Zusätzlicher Forschungsbedarf liegt daher in der Ergänzung der Methode.

Summary and Outlook

Although the active ultrasonic technology as efficient transfer of vibrational energy for process support in many fields such as medical technology, joining technology or cutting production process is increasingly spread, the functionality and the industrial application of ultrasonic systems is still limited. Reasons for this are current inadequate methods for the design of longitudinal oscillator systems used in applications mentioned above. This leads to a time-and resource-consuming development of ultrasonic transducers and systems. The large amount of time in the oscillation technological design of an ultrasonic oscillator results through numerous iterations in the calculation that must be performed by the developer in order to get the best results. The inaccurate the design method, the higher the number of iteration steps. Furthermore, current methods for the design of oscillation systems are only sufficient accurate for rotational-symmetric components of the systems with longitudinal oscillators. There is a lack of sufficient knowledge and strategies for the oscillation technological design of complex, non-rotational- symmetric components or multi-part system components of an ultrasonic system. In addition, the design of active ultrasonic systems that do not use longitudinal but so-called flexural oscillators, provides high potential in application, but is not been explored yet.

Therefore, in the present work, an efficient method for the constructive, simulative and metrological design of complex oscillator tools for ultrasonic assisted processes was developed. For this, important influence factors on an oscillation system and fundamental interdependencies were featured and a time-saving, innovative program for automated design and optimization of oscillator geometries was generated. The method was validated by the example of oscillators and prototype systems for the reference processes ultrasonic assisted superfinishing with longitudinal oscillators and ultrasonic assisted turning with flexural oscillators.

First, in the state of the art, the basics of ultrasonic technology, the resonance behavior of solids and oscillation parameters were described. Then, the construction, the function and the applications of active ultrasonic systems with longitudinal oscillators were explained. Furthermore, the current methods for the design of such oscillation systems and their advantages, disadvantages and limitations respectively the points of contact for the present work were demonstrated. Moreover, the process of conventional superfinishing and the potential of an ultrasonic assistance for the expansion of the process limits were reported. Then the ultrasonic assisted turning and its limitations were described, in particular in the accessibility to complex parts, which need to be overcomed with flexural instead of longitudinal oscillators. The deficiencies in the state of the art relating to the design methods for ultrasonic systems, the ultrasonic assisted superfinishing and the ultrasonic turning were summarized.

On this basis, in chapter 4, the continuous method for the constructive-simulative and metrological design of complex ultrasonic oscillation tools, divided into modeling and validation was explained. As a focus of the modeling, the function of the program for the automated design and optimization of oscillator geometries was described. In this program, the mathematical software Matlab was combined with the finite element structural analysis software Ansys. The program user can set oscillator starting geometries and also vibration requirements, such as natural frequency and mode etc., to which the oscillator geometries are optimized automatically. For the geometry optimization different algorithms were implemented, like for example a genetic algorithm. With the program the numerous iterative calculation steps, that must be performed time-consuming in previous design methods by the developer, are conducted automatically and efficiently. So, a saving of time in the development of ultrasonic oscillators can be reached. In addition, the program allows the three-dimensional calculation of a variety of complex geometries not only for conventional longitudinal (longitudinal oscillator) but also for novel transverse (oscillating) ultrasonic transducers for machining purposes. Furthermore, efficient measurement methods for the oscillation technological model validation after manufacturing an oscillator were explained. These include the determination of the natural frequencies, the laservibrometrical measurement of eigenmodes and other properties.

In chapter 5 the application of the developed method for the design of ultrasonic oscillator tools for the first selected reference process, the ultrasonic superfinishing, was described. First, the requirements for such tools were compiled, then starting geometries were developed and the oscillation behavior was modeled by using the program. Exemplary, selected models were manufactured, validated by measurement and the design method was evaluated. Thus, ultrasonic tools for the ultrasonic assisted superfinishing, which are efficiently calculated, are available for the first time. In chapter 6, the application of the method for the development of flexural oscillators in general and in particular for the second reference process, the ultrasonic assisted turning, was described. First of all, basic models of application-unspecific flexural oscillators were developed, their oscillation behavior was modeled and manufactured oscillator models were analyzed by measurement. The results of the metrological examinations were compared with the modeling and the method was evaluated. Then the design and function of a special, two-arm flexural oscillator was described, which allows by superimposed flexural oscillations an optimal ultrasonic turning of complex workpieces.

In chapter 7, the structure and function of prototypical hybrid systems for ultrasonic reference processes were explained. A prototype for the ultrasonic assisted superfinishing with longitudinal ultrasonic oscillators was generated and initial processing experiments were performed. The significant advantage of the ultrasonic assistance is an increase of the removal of up to 60 %, which leads to a time-reduced processing expenditure. Furthermore, a prototype for the ultrasonic assisted turning with a special flexural oscillator was developed. In contrary to current systems, this prototype is simple constructed and is easy to use. By the shape of the cantilevered bending oscillator the production of optical surfaces on complex steel and glass surfaces with a diamond tool is made possible.

The observations in this work show that an efficient development of ultrasonic oscillators with different geometries and oscillation behavior for the application in active ultrasonic systems is possible with the presented design method. This was verified by the example of the development of two innovative ultrasonic systems for selected reference processes. The findings can be used in the industrial practice to keep the development expenditure for novel, active ultrasonic systems for various applications to a minimum.

The example of oscillators for the ultrasonic superfinishing shows that the calculation of the oscillation amplitudes gets more complex according to higher quantity of components and interfaces in the oscillation system. Thus there is a need of further research in the field of interfaces and oscillator material influence on the achievable oscillation amplitudes and their exact forecast. Furthermore the design method can be extended for more oscillator variants and oscillation assisted processes. Hence the extension of the method is another field of research.

9 Literaturverzeichnis

References

[ABRA05] Abraham, A.; Jain, L.; Goldberg, R.: *Evolutionary multiobjective optimization: Theoretical advances and applications.* Springer-Verlag London Limited, 2005

[ABRA98] Abramov, O. V.: *High-intensity ultrasonics: Theory and industrial applications.* Gordon and Breach Science Publishers, 1998

[AMIN95] Amin, S. G.; Ahmed, M. H. M.; Youssef, H. A.: *Computer-aided design of acoustic horns for ultrasonic machining using finite-element analysis.* Journal of Materials Processing Technology, Vol. 55, pp. 254-260, 1995

[ANSY12] ANSYS® Multiphysics, Release 12.0, ANSYS Documentation, Theory *Reference for the Mechanical APDL and Mechanical Applications.* ANSYS Inc.

[ATLA12] http://www.atlanic-schleifscheiben.de [Stand 2012]

[BEYE01] Beyer, H. G.; Deb, K.: *On self-adaptive features in real-parameter evolutionary algorithms.* IEEE Transactions on Evolutionary Computation, Jun 2001, vol. 5, issue. 3, pp.250-270

[BRIN01] Brinksmeier, E.; Gläbe, R.: *Advances in precision machining of steel.* CIRP Annals – Manufacturing Technology, Volume 50, Issue 1, 2001, S. 385- 388

[BRUH06] Bruhn, J.: *Hochleistungsbandschleifen.* 6. Seminar moderne Schleiftechnologie und Feinstbearbeitung, Hrg. Prof. Dr.-Ing. Tawaloki, 2006

[BULL10] Bulla, B.; Dambon, O.; Klocke, F.: *Diamond turning of aspheric steel molds for optics replication.* Proc. SPIE7590, Micromachining and Microfabrication Process Technology XV, 75900B, February 16, 2010

[BULL12] Bulla, B.: *Ultrasonic assisted diamond turning of hardened steel and difficult to cut materials.* 3rd Aachen Precision Days, Aachen, 2012

[CHEN09] Shu, K. M.; Hsieh, W. H.; Chen, C. C.: *The design of acoustic horns for ultrasonic insertion.* Proceedings: ISMTII2009, Saint Petersburg, 2009

[CLEM05] Clemens, J.: *Handbuch zur Software "SonoCall".* Stade, 2005

[CULP02] Culp, D. R.: *Computer-aided resonator design - description, equipment, equirements, support.* Krell Engineering, Baltimore, 2002

[DAUS04] Daus, N. A.: *Ultraschallunterstütztes Querseiten-Schleifen.* Dissertation TU Berlin, 2004

[DEB02] Deb, K.; Pratap, A.; Agarwal, S.; Meyarivan, T.: *A fast and elitist multiobjective genetic algorithm: NSGA-II*. IEEE Transactions on Evolutionary Computation, Vol. 6, pp. 182-197, 2002

[DEB95] Deb, K.; Agarwal, R. B.: *Simulated binary crossover for continuous search space*. Complex Systems, April 1995, vol. 9, pp.115-148

[DEYU06] Xun Li; Deyuan Zhang: *Ultrasonic elliptical vibration transducer driven by single actuator and its application in precision cutting*. Journal of Materials Processing Technology, Vol. 180, Iss. 1–3, 2006, S. 91 – 95

[DGBM08] Deutsche Gesellschaft für Biomedizinische Technik in VDE (DGBMT): *Ultraschall in der Medizin – Innovationspotential des Ultraschalls in Diagnose und Therapie*. DGBMT, Frankfurt a. M., 2008

[DMGS12] http://www.dmgmoriseiki.com [Stand 2012]

[FREI76] Freiburg, G. (Hrsg.): *Schwingungen – Eine Einführung in die theoretische Behandlung von Schwingungsproblemen*. Band 3, 3. Aufl., B.G. Teubner Verlagsgesellschaft Stuttgart, 1976

[FROM92] Fromlowitz, J.: *Die Standzeiten und Temperaturen beim Hochleistungsbandschleifen*. Dissertation, RWTH Aachen, 1992

[GEIN12] GE Inspection Technologies: *Handbuch zum Krautkramer USM35X*. Ahrensburg, 2012

[GREH98] Grehn, J.; Krause J.: *Metzler Physik*. Schroedel Verlag GmbH, Hannover, 1998

[GREW06] Li, L.; Yi, A. Y.; Huang, C.; Grewell, D. A.; Benatar, A.: *Fabrication of diffractive optics by use of slow tool servo diamond turning process*. Opt. Eng. 45(11), 113401, November 14, 2006.

[HAAS91] Haas, R.: *Technologie zur Leistungssteigerung beim Ultraschallschwingläppen*. Dissertation, RWTH Aachen, 1991

[HATC01] Hatch, M. R.: *Vibration simulation using MATLAB and ANSYS*. Chapman & Hall/CRC, 2001

[HEMS06] Fu, B.; Hemsel, T.; Wallaschek, J.: *Piezoelectric transducer design via multiobjective optimization*. Ultrasonics. Vol. 44, pp. e747-e752, 2006

[HÜNT10] Hünten, M.; Klocke F.; Dambon, O.: *Precision glass molding: An integrative approach for the production of high precision micro-optics*. Proc. SPIE 7591, Advanced Fabrication Technologies for Micro/Nano Optics and Photonics III, 75910X, February 16, 2010

[IULA01] Iula, A.; Pallini, S.; Fabrizi, F.; Carotenuto, R.: *A high frequency ultrasonic bistoury designed to reduce friction trauma in cystectomy operations*. Proceedings, IEEE Ultrasonics Symposium-1334, 2001

[IULA06] Iula, A.; Parenti, L.; Fabrizi, F.; Pappalardo, M.: *A high displacement ultrasonic actuator based on a flexural mechanical amplifier*. Sensors and Actuators A, Vol. 125, pp. 118-123, 2006

[JOUR05] Jourani, A.; Dursapt, M.; Hamdi H.; Rech J.; Zahouani H.: *Effect of the belt grinding on the surface texture: Modeling of the contact and abrasive wear*. International journal on the science and technology of the friction, lubrication and wear, 259/2005, S. 1137-1143

[KAIN79] Kainth, G. S.; Nandy, A.; Singh, K.: *On the mechanics of material removal in ultrasonic machining*. International Journal Machine Tool Design and Research, Vol. 19, pp. 33-41, 1979

[KAPP00] Kappmeyer, G.: *Hochfrequenzhonen, Beitrag zum ultraschallunterstützten Dornhonen*. Dissertation, TU Braunschweig, 2000

[KELL03] Kelley, C.T.: *Solving nonlinear equations with Newton's Method*. No 1 in Fundamentals of Algorithms, SIAM, 2003

[KLOC00] Klocke, F.; Rübenach, O.: *Ultraschallunterstütztes Drehen von Glas und Stahl mit Diamant*. Industriediamantenrundschau: IDR34, Nr. 2, 2000, S. 133- 146

[KLOC02] Klocke, F.; Hilleke, M.: Ultrasonic Machining in Ceramics. In: Jahanmir, S., Ramulu M., Koshy P.: *Machining of Ceramics and Composites*. Marcel Dekker, Inc., 2002

[KLOC05] König, W.; Klocke, F.: *Fertigungsverfahren, Band 2: Schleifen, Honen, Läppen*. Springer-Verlag, Berlin, 2005

[KLOC08] Klocke, F.; Dambon, O.; Bulla, B.; Heselhaus, M.: *Ultrasonic assisted turning of hardened steel with mono-crystalline diamond*. Proceedings of the 23rd Annual ASPE Meeting, Portland, Oregon 2008

[KOCI96] Kočiš, Š.; Figura, Ž.: *Ultrasonic measurement and technologies*. Chapman & Hall, 1996

[KONA06] Konak, A.; Coit, D.; Smith, A.: *Multi-objective optimization using genetic algorithms: A tutorial*. Reliability Engineering and System Safety, Vol. 91, pp. 992-1007, 2006

[KRAU86] Krautkrämer, J.; Krautkrämer H.: *Materialprüfung mit Ultraschall*. 5. Auflage, Springer-Verlag Berlin Heidelberg New York, 1986

[KUTT04] Kuttruff, H.: *Akustik*. S. Hirzel Verlag, Stuttgart, 2004

[KUTT88] Kuttruff, H.: *Physik und Technik des Ultraschalls*. S. Hirzel Verlag, Stuttgart, 1988

[LEHF73] Lehfeldt, W.: *Ultraschall*. Vogel-Verlag, Würzburg, 1973

[LITT01] Littman, W.; Storck, H.; Wallaschek, J.: *Sliding friction in the presence of ultrasonic oscillations: superposition of longitudinal oscillations.* Archive of applied mechanics, 2001, S. 549-554

[LUME12] LUMed GmbH: *Medizinische Produkte für die Augenheilkunde.* Eggenstein-Leopoldshafen, 2012

[MATL12] http://www.mathworks.com [Stand 2012]

[MARK66] Markov, A. I.: *Ultrasonic machining of intractable materials.* ILIFFE Books LTD London, 1966

[MCGE88] McGeough, J. A.: *Advanced methods of machining.* Chapman and Hall, 1988

[MILL87] Millner, R.: *Ultraschalltechnik – Grundlagen und Anwendungen.* Physik-Verlag Weinheim, 1987

[PARR01] Parrini, L.: *Design of advanced ultrasonic transducers for welding devices.* IEEE Transactions on ultrasonics, ferroelectrics, and frequency control, Vol. 48, No. 6, November 2001

[PÄSL60] Päsler, M.: *Mechanik deformierbarer Körper.* Walter de Gruyter Verlag, Berlin, 1960

[PHIL88] Valvo Unternehmensbereich Bauelemente der Philips GmbH: *Piezooxide – Eigenschaften und Anwendungen.* Dr. Alfred Hüthig Verlag GmbH, 1988

[PICE12a] PI Ceramic GmbH, *Piezokeramische Materialien und Bauelemente.* http://www.piceramic.de [Stand 2012]

[PICE12b] PI Ceramic GmbH, *Piezo-Tutorium.* http://www.physikinstrumente.de [Stand 2012]

[PLAC46] Plackett, R. L.; Burman, J. P.: *The design of optimum multifactorial experiments.* Biometrika 33 (4), S. 305-25, 1946

[RAGH04] Raghuwanshi, M. M.; Kakde, O. G.: *Survey on multiobjective evolutionary and real coded genetic algorithms.* Proceedings, 8th Asia Pacic Symposium on intelligent and Evolutionary Systems, pp.150-161, 2004

[REDD93] Reddy, J. N.: *An Introduction to the Finite Element Method.* McGraw-Hill Inc., 1993

[RICH83] Rich. F.: *Physikalische Eigenschaften von Stählen und ihre Temperaturabhängigkeit.* Verlag Stahleisen M.B.H., Düsseldorf, 1983

[RISC86] Rische, U. W., Herfurth GmbH (Hrsg.): *Ultraschall in der Kunststoff-Fügetechnik.* 3. Aufl., Firmenschrift Herfurth GmbH Hamburg, 1986

[RÜBE01] Rübenach, O.: *Schwingungsunterstützte Ultrapräzisionsbearbeitung optischer Gläser mit monokristallinen Diamantwerkzeugen.* Dissertation, RWTH Aachen, 2001

[SCHI01] Schibisch, D. M.; Friedrich, U.: *Superfinishtechnologie.* Verlag Moderne Industrie, Landsberg/Lech, 2001

[SCHL92] Schlengermann, U.: *Ultraschall-Materialprüfung.* 3. Auflage, Vulkan-Verlag Essen, 1992

[SCHM02] Schmütz, J.: *Mikrobearbeitung duktiler Werkstoffe mit ultraschallangeregten Diamantwerkzeugen.* Dissertation, Universität Bremen, 2002

[SCHU08] Schug, R.: *Steifigkeitssteigerung von Ultraschallschleifspindeln.* Dissertation, RWTH Aachen, 2008

[SESH10] Seshadri, A.: *NSGA-II: A multi-objective optimization algorithm.* Viewed 11.10.2010, http://www.mathworks.com/matlabcentral/leexchange/10429

[SHAM05] Shamoto, E.; Suzuki, N.; Tsuchiya, E.; Hori, Y.; Inagaki, H.; Yoshino, K.: *Development of 3 DOF ultrasonic vibration tool for elliptical vibration cutting of sculptured surfaces.* CIRP Annals - Manufacturing Technology, Volume 54, Issue 1, 2005, S. 321-324

[SHAM95] Moriwaki, T.; Shamoto, E: *Ultrasonic elliptical vibration cutting.* CIRP Annals – Manufacturing Technology, Volume 44, Issue 1, 1995, S. 31-34

[SHAM99] Shamoto, E.; Moriwaki, T.: *Ultraprecision diamond cutting of hardened steel by applying elliptical vibration cutting.* CIRP Annals - Manufacturing Technology, Volume 48, Issue 1, 1999, S. 441-444

[SHIB06] Shibiao, H.; Baohua, Y.; Xiaoping, H.: *The design and finite element analysis for the ultrasonic amplitude transformer bar.* Proceedings, International Technology and Innovation Conference, pp. 1787-1789, 2006

[SRIN94] Srinivas, N.; Deb, K.: *Multiobjective optimization using nondominated sorting in genetic algorithms.* Journal of Evolutionary Computation, Vol. 2, No. 3, pp. 221-248, 1994

[STEP10] Stepanenko, D. A.; Minchenya, V. T.: *Modeling of flexible waveguides for ultrasonic vibrations transmission: Longitudinal and flexural vibrations of non-deformed waveguide.* Ultrasonics, Vol. 50, pp. 424-430, 2010

[SUPF12] http://www.supfina.com [Stand 2012]

[SUZU03] Suzuki, N.; Nakamura, A.; Shamoto, E.; Harada, K.; Matsuo, M.; Osada, M.: *Ultraprecision micromachining of hardened steel by applying ultrasonic elliptical vibration cutting.* Proceedings of 2003 International Symposium on Micromechatronics and Human Science, S. 221- 226

[TAWA10] Tawakoli, T.; Brecher, C.: *"SoFi", ultraschallunterstütztes Superfinishing zylindrischer Präzisionsbauteile.* Projektbericht, Aachen, Furtwangen, 2010

[THOE98] Thoe, T. B.; Aspinwall, D. K.; Wise, M. L. H.: *Review on ultrasonic machining.* International Journal of Machine Tools and Manufacture, Vol. 38, No. 4 pp. 239-255, 1998.

[THOM74] Thomson, W. T.: *Theory of vibration with applications.* Prentice Hall Inc., 1974

[VDAI11] Verband der Automobilindustrie e.V.: *Jahresbericht 2011.* Berlin, 2011

[VINC06] Vince, J: *Mathematics for computer graphics.* Second Ed. Springer-Verlag London Limited, 2006

[WANG11] Wang, D.A.; Chuang, W.Y.; Hsu, K.; Pham, H.T.: *Design of a bézier-profile horn for high displacement amplification.* Ultrasonics, Vol. 51, pp. 148-156, 2011

[WATA96] Watanabe, Y.; Mori, E.: *A study on a new flexural-mode transducer-solid horn system and its application to ultrasonic plastics welding.* Ultrasonics, Vol. 34, pp. 235-238, 1996

[WEBE12] http://www.weber-ultrasonics.de [Stand 2012]

[XLIU03] Liu, X.D.; Ding, X.; Lee, L.C.; Fang, F.Z.; Lim, G.C.: *Direct single point diamond cutting of Stavax assisted with ultrasonic vibration to produce optical quality surface finish.* Proceedings of the 18th Annual ASPE Meeting, Portland, Oregon 2003

[ZHAN02] Zhou, G.; Zhang, Y.; Zhang, B.: *The complex-mode vibration of ultrasonic vibration systems.* Ultrasonics, Vol. 40, pp. 907-911, 2002

[ZHOU00a] Zhou, Z.; Li, M.: *A study on ultrasonic solid horns for flexural mode.* Acoustical Society of America, Vol. 107, No. 3, pp. 1358-1362, March 2000

[ZHOU00b] Zhou, Z.: *The performance and design of ultrasonic vibration system for flexural mode.* Ultrasonics, Vol. 38, pp. 979-984, 2000

[ZITZ98] Zitzler, E.; Thiele, L.: *Multiobjective optimization using evolutionary algorithms - a comparative case study.* Parallel Problem Solving from Nature V, pp. 292-301, 1998

10 Anhang

Annexes

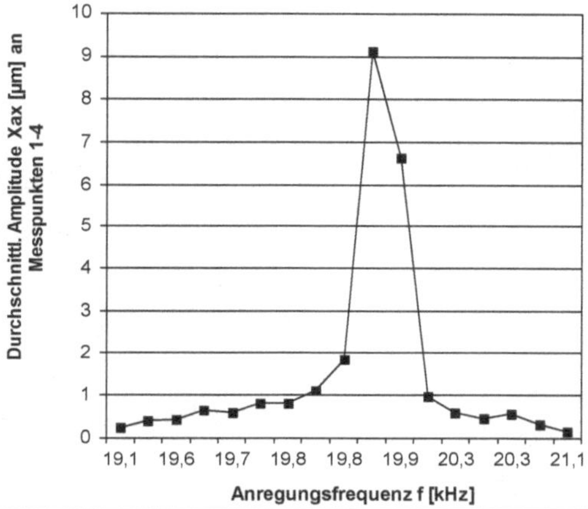

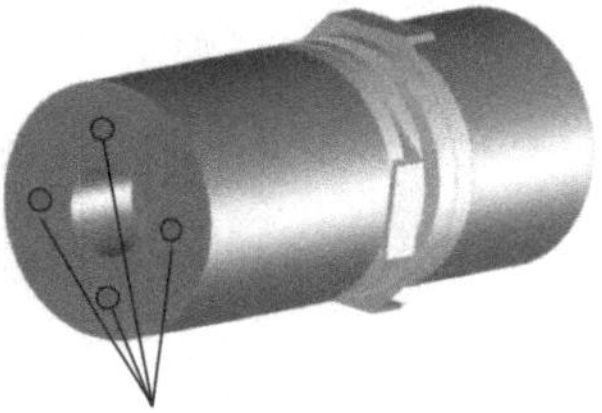

Messpunkte 1-4:

Punkte zur Messung der axialen Schwingungsamplitude eines Schwingerelements (Schallwandler) in Abhängigkeit von der Anregungsfrequenz

-> Beispiel für Änderung der Schwingungsamplitude mit Änderung der Anregungsfrequenz

FSC
www.fsc.org
MIX
Papier | Fördert gute Waldnutzung
FSC® C083411

Kolibri 360 GmbH
Ferdinand-Jühlke-Straße 7
99095 Erfurt, Deutschland
produktsicherheit@kolibri360.de